U0175236

在病毒中生存
Living with Viruses

一种进化论的解释

［美国］苗德岁　著

译林出版社

图书在版编目（CIP）数据

在病毒中生存：一种进化论的解释 ／（美）苗德岁著.
—南京：译林出版社，2021.10
ISBN 978-7-5447-8734-5

I.①在… II.①苗… III.①病毒－关系－人类进化－研究
IV.①Q939.4 ②Q981.1

中国版本图书馆 CIP 数据核字（2021）第 102492 号

在病毒中生存：一种进化论的解释 ［美国］苗德岁／著

责任编辑　陶泽慧
特约编辑　童可依
装帧设计　韦　枫
校　　对　戴小娥
责任印制　单　莉

出版发行　译林出版社
地　　址　南京市湖南路 1 号 A 楼
邮　　箱　yilin@yilin.com
网　　址　www.yilin.com
市场热线　025-86633278
排　　版　南京展望文化发展有限公司
印　　刷　合肥精艺印刷有限公司
开　　本　787 毫米 ×1092 毫米 1/32
印　　张　6
插　　页　2
版　　次　2021 年 10 月第 1 版
印　　次　2021 年 10 月第 1 次印刷
书　　号　ISBN 978-7-5447-8734-5
定　　价　39.00 元

A virus is a piece of bad news wrapped up in protein.

—Peter Madawar

病毒是包裹在蛋白质里的一条坏消息。

——彼得·梅达沃

An inefficient virus kills its host. A clever virus stays with it.

—James Lovelock

低效的病毒消灭宿主，聪明的病毒与宿主共存。

——詹姆斯·洛夫洛克

The variety of genes on the planet in viruses exceeds, or is likely to exceed, that in all of the rest of life combined.

—E. O. Wilson

病毒中所包含地球上的基因种类超过（或很可能超过）所有其他生物里基因种类的总和。

——E. O. 威尔逊

We live in a dancing matrix of viruses; they dart, rather like bees, from organism to organism, from plant to insect to mammal to me and back again, and into the sea, tugging along pieces of this genome, strings of genes from that, transplanting grafts of DNA, passing around heredity as though at a great party.

—Lewis Thomas

我们生活在病毒舞动的矩阵之中，它们像蜜蜂一样在不同的生命体之间穿梭往返，从植物到昆虫，从别的哺乳动物到我，然后又折回头，进入海洋，拖着这个基因组的几个片段、那个基因组的几根基因链条，嫁接着DNA，传递着遗传物质，宛若在参加一场宏大的聚会。

——刘易斯·托马斯

目　录

周忠和[1] 序言

　　每次应邀为苗德岁先生的书作序，都是一件十分愉快的事情。原因有三：一是深感荣幸；二是先睹为快；三是不必担心读者的不满。当然，也有压力，担心自己蹩脚的文字配不上作者书稿的文采。

　　作为苗德岁先生近三十年的老朋友，可以说是目睹了他从一位优秀的古生物学家和进化生物学家向科普作家成功转型的历程。苗德岁先生每次有新书问世，都会让我感到惊奇。虽然，他在读研究生的时候就出版了他的第一本译著，2007年，中科院学部工作局邀请他翻译了由美国科学院、工程院、医学研究院撰写的《科研道德：倡导负责行为》

1　中国科学院院士、美国科学院外籍院士、中国科学院古脊椎动物与古人类研究所研究员、中国科普作家协会理事长。

1

一书。2013年，他翻译了《物种起源》，2014年才出版了自己的第一部原创科普著作《物种起源》(少儿彩绘版)，而此时他已过耳顺之年。不曾料到，他竟老夫聊发少年狂，由此一发而不可收：《天演论》(少儿彩绘版，2016年)、《给孩子的生命简史》(2018年)、《自然史》(少儿彩绘版，2019年)等相继问世，而且每一本都取得了很大的成功，不仅受到了读者的欢迎，也收获各类奖项无数。用"厚积薄发"来形容他的科普创作，可能是最为贴切的了。

读完这本有关病毒故事的新书，我最感慨的还是他一以贯之的文字功底。这些肉眼看不见摸不着、介于生命与非生命之间的小东西，凭直觉就能知道讲起来不太容易，那么多专业的词汇对于我这半个内行来说，都觉得是一个很大的挑战。然而，书中采用了大量形象贴切的比喻，譬如"钝刀子割肉"，"相爱相杀","一剑封喉","盲人骑瞎马","挟天子以令诸侯","皮之不存毛将焉附","如同玩拼图游戏","就像川剧中的'变脸'","一叶障目不见泰山","魔高一尺道高一丈"等,信手拈来,无处不在。如此一来,原本很专业的内容读起来自然轻松了很多。

本书的另外一个特点是结合了大量社会、历史背景的介绍,中间又穿插了不少人物与故事。根据我这些年读科普书的感受,真正经典的科普著作无一不掌握了这一基本的技巧。如此,科普书的可读性以及深度和广度自然就上升了一个台阶。

目前,有关病毒的中文科普书籍也出了不少,但苗德岁先生深厚的进化生物学背景,无疑为本书增添了新的亮点。正如作者在书中所说的那样"要理解病毒以及它们与人类之间协同进化的关系,就必须学习生物演化论以及生命演化的历史"。此外，译林出版社为本书的定位是人文科普，作者在书中确实借机展露了他的人文学养，在一定程度上填补了科学与人文之间"两种文化"的鸿沟。

总之，我认为本书不仅是为青少年朋友特别准备的读物，而且也适合每一位对生命演化感兴趣或者关心人类未来的成年人阅读。

周忠和

2021 年 3 月 15 日

第一章

病毒小传

"隐形杀手"现形记

自古以来，人类就不断地受到一些流行病的侵扰，严重时可造成千百万人的死亡。在现代科学出现之前，人们不知道这些流行病是如何引起的；大多数情况下，甚至连是什么病都不清楚，便笼统地称之为"瘟疫"。比如，由天花引起的"瘟疫"，至少可以追溯到2 000年前。不仅人类自身，就连饲养的家禽和家畜，常常也难逃瘟疫的厄运，比如我们所熟悉的鸡瘟和猪瘟等。

17世纪下半叶，荷兰人列文虎克发明了光学显微镜，人类首次在显微镜下观察到了完整的活细胞，这才有可能开始研究原先肉眼看不到的微生物世界。通过光学显微镜，列文虎克首次发现了细菌。随着光学显微镜的发明以及细菌的发现，由细菌和寄生虫引起的一些疾病和瘟疫，逐步被科学家们认识和征服。比如，

列文虎克

列文虎克在显微镜下观察到的"微小动物"

以法国微生物学家巴斯德*为代表的科学家，研制了各种疫苗，使天花、狂犬病以及炭疽病等得到了有效的防治。巴斯德还发明了杀菌的消毒方法，大大地减少了细菌感染的疾病及其引起的瘟疫。此外，抗生素的出现，也有效地抑制了细菌感染所引发的瘟疫。然而，直到20世纪初，还有一些"隐形杀手"依然"逍遥法外"，因为有许多疾病

---

* 凡有下划虚线标记的词语，可查阅书后所附"术语表"。

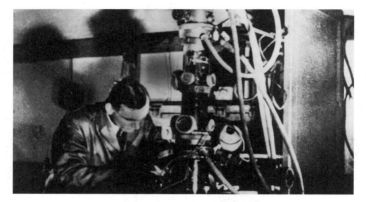

恩斯特·鲁斯卡与第一台电子显微镜

和瘟疫显然不是细菌和寄生虫引起的，而且抗生素药物对它们也完全无效。那么，这些"隐形杀手"究竟是谁呢？

20世纪30年代，德国工程师鲁斯卡发明了电子显微镜，其分辨率相比传统的光学显微镜一下子提高了400倍以上。此后仅隔20来年，电子显微镜的放大倍数猛增了10万倍，使科学家们看到了比细菌要小很多的东西。这一"隐形杀手"的复杂结构终于在强大的电子显微镜下现出了原形！科学家们给它起的名字"病毒"一词也颇有意

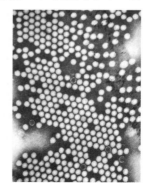

思，它在中古英语里的本义是"蛇毒"。然而，这个词在拉丁语古义里就更有意思了，既是蛇的毒液又是人的精液；也就是说它既能毁灭生命又能创造生命。后来的科学发现表明，它的拉丁语原义竟是千真万确的。

病毒有生命吗？

首先，什么是生命？这看似简单的问题，至今却没有公认的答案。光是从生物学角度，就有100多种不同的答案。此外，从哲学上讲，答案就更多了。诺贝尔物理学奖获得者薛定谔曾经写过一本书，是从物理学角度论述的，书名就叫作《生命是什么？》（ *What is Life?* ）。

薛定谔

19世纪生物学的一项重大发现是细胞学说，这是列文虎克光学显微镜观察到细胞结构后的直接结果。多数生物学家认为，大自然中的所有动物、植物以及微生物都是由细胞组成的，它们的遗传、变异、繁殖、发育、生长、分化以及新陈代谢等，都是细胞活动的体现。因此，细胞是生命体的建筑模块（building blocks），即生命的基本结构和功能单元。那么，细胞长得什么样子呢？它们又有哪些功能呢？

《生命是什么？》

细胞的结构与功能

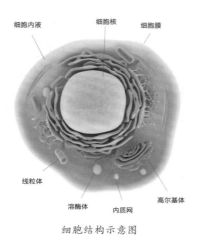

细胞结构示意图

所有的生物体都是由细胞组成的。原核生物的细胞中没有明显的细胞核，细胞里的染色体也不成对；而所有真核生物（包括我们人体在内）的细胞，都有个圆圆的细胞核，就像桃子中间有个桃核一样。

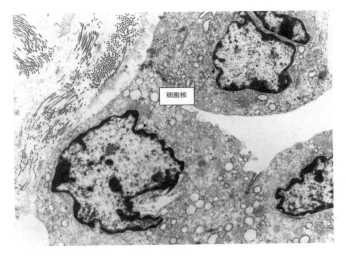

细胞核

显微镜下的巨噬细胞

（来源：Ryan Jennings 与 Christopher Premanandan 著 *Veterinary Histology*）

细胞核是发号施令的"指挥部"。细胞核中有许多条状的、成对的染色体。比如，人体的每个细胞中有23对染色体。前22对染色体，男女都一样。最后一对，男女不同，称作性别染色体。在人体的23对染色体中，一半来自爸爸，一半来自妈妈，这就是为什么孩子会长得像爸爸妈妈。通过细胞中的染色体，医生可以查出胎儿的性别。女孩的性别染色体总是XX，男孩的总是XY。染色体中有许许多多的线状物质，叫DNA。DNA包含各种指

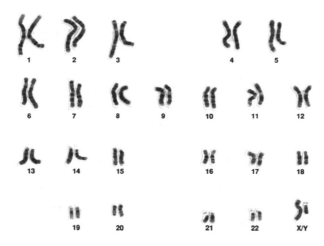

人体的 23 对染色体

（来源：National Institutes of Health, United States
Department of Health and Human Services）

令，称作基因。换句话说，基因是决定生物体性状特征
的DNA片段，也是生物遗传的基本单元。

　　孟德尔在19世纪60年代，发现了生物中的遗传基
因。但是直到1953年，才由克里克与沃森发现了DNA的
双螺旋结构。他们因此而荣获了1962年诺贝尔生理学 /
医学奖。DNA指令书写成密码的形式；DNA密码只有
四个字母：A，G，C，T。在DNA双螺旋结构中，字母
A总是跟字母T配对，而字母C总是跟字母G配对。

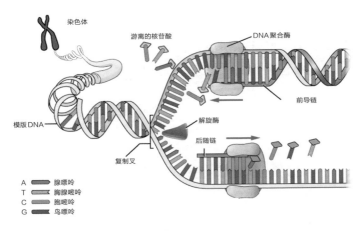

染色体

游离的核苷酸

DNA聚合酶

前导链

模版DNA

解旋酶

后随链

复制叉

A 腺嘌呤
T 胸腺嘧啶
C 胞嘧啶
G 鸟嘌呤

染色体与DNA

　　我们的身体由亿万个细胞组成。每个细胞中大约有3万多不同的基因，影响着我们的生长和发育。我们体内所有细胞的DNA和基因的组成都是相同的。每个基因在染色体上占有特定的位置。在细胞中，DNA或基因主导着蛋白质的构建。蛋白质像是生命大工厂里不同车间和部门的"工人"，在人体里执行各种不同功能。比如，往大脑传送信息，使牙齿与骨骼生长，以及使心脏跳动、食物消化和肌肉伸缩等。

　　有时候基因产生变异，会妨碍蛋白质在人体里正常地执行功能，这时候人就生病了。比如，信息不能正确地传送到大脑，牙齿与骨骼不能正常生长，心跳异常、消化不良以及肌肉运动不正常等。

基因是<u>遗传</u>的单元，决定了我们的很多特征（或性状），比如我们的肤色、眼睛的颜色、身材的高矮等。连宝宝的脸上有没有小酒窝，也是由基因决定的。因此，DNA或基因的差异也使所有的生物都有差别。

DNA还告诉我们，地球上的所有生物有着共同的祖先。比如，我们跟黑猩猩之间99%的基因是相同的，人与人之间99.9%的基因是相同的。

遗传与变异

为了方便下面的讨论，我们先系统复习一下上面介绍的遗传学知识。

右侧这张图中，中间条状的部分就是染色体。图的左下显示的是生物细胞，每个细胞都像桃子一样中间有个核，叫作"细胞核"。染色体就存在于细胞核中，每个细胞核中都含有许多条状的染色体。在染色体中，装着咱们遗传信息的是许许多多的双螺旋结构的线状物质，叫DNA，图片上方显示的就是DNA，而我们熟知的基

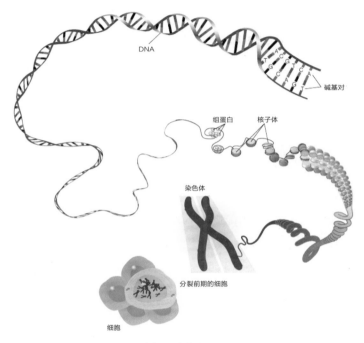

细胞核、染色体、DNA

因，实际上就是DNA的片段，其中包含各种遗传指令。

　　基因是遗传的单元，决定了我们的很多特征（或性状）。比如，人体有一对基因是控制眼睛颜色的。一个男孩从父母那里分别遗传下来的基因都是产生蓝眼珠的话，那么他肯定是蓝眼珠。如果来自父母一方是蓝眼珠的基因，而另一方是黑眼珠的基因，那么这个男孩会是黑眼珠，因为黑眼珠的基因相对比较"强势"。不过，请记住，这个男孩身上仍然带有一蓝一黑的基因。将来如果这个男孩把控制蓝眼珠的（而不是黑眼珠的）那个基因，遗传给了自己的子女，而他的子女从母亲那里遗传下来的也是控制蓝眼珠的基因的话，那么他的子女又是蓝眼珠了；因为孩子从父母双方那里遗传来的一对基因，都是产生蓝眼珠的。这就是为什么有时候子女眼睛的颜色会跟父母的不同。你们说神奇不神奇？

这就是遗传的结果。但是如果基因只是忠实地遗传会怎么样呢？大家想象一下：如果基因只会遗传，那么世界上恐怕所有的人都长得一模一样，张三李四分不开，谁也认不出谁来，那世界还不乱了套？但是现在，我们每一个人都不一样。人们常说"一母生九子，九子各不同"，就连双胞胎，也不会完全一模一样。一树结果，酸甜各异；同一株花生的果实有大果和小果；在自然界根本找不到相同的两片树叶。这些差异又是怎么造成的呢？

那我要告诉你们，基因在传递过程中不仅会遗传，而且还会发生基因突变（出错），产生变异。比如，由于分管肤色的基因发生变异，父母肤色正常，却会生出白化病（即身上生有很多白斑）的孩子。由于遗传的因素，

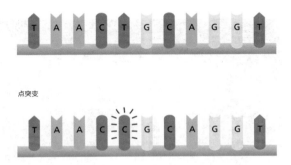

原始序列

点突变

基因突变

这种因为基因突变导致的病态还会出现在同一家庭的好几代人身上。如果连这样稀奇古怪的特征都会遗传的话，那么，常见的特征自然也会遗传了。因此，遗传是规律，不遗传才是例外；生物遗传的倾向性很强，这一点是没人会怀疑的。

总之，遗传与变异是生物演化的左膀右臂，缺一不可。没有遗传的话，生物就不能传宗接代；因而，遗传确保了生物物种的世代连续性。而没有变异的话，生物演化就不可能发生，所有生物就都还保持最初那个样子，地球上就不可能有今天这样丰富多彩的动植物。因而，变异确保了物种的可变性，使得地球上的生物多样性成为可能。所以说，基因扮演的这一双重角色，对我们揭

基因变异导致蓝闪蝶（*Morpho menelaus*）翅膀的斑纹呈现不同的形态

开生命演化历史的奥秘，极端重要。若是没有基因的遗传和变异，生物演化就不可能发生并持续下去。这是因为，如果变异不能传递下去，生物演化的接力赛，就找不到下一棒的接棒者，也就跑不下去了，那么生物演化就停滞了，岂不是大家全都完蛋了！正如达尔文所强调的，任何不遗传的变异，对于演化来说，都不重要。也就是说，变异的特征只有通过基因遗传给后代，生物演化才可能发生。

所以，一方面遗传与变异给生物演化提供了原材料。另一方面，光有原材料还不够；由于生物演化是个永不停歇的动态过程，因而还需要引擎来驱动，而这一引擎就是达尔文理论的另一个核心内容——自然选择。关于自然选择理论，我们后面再详细介绍。

那么，病毒究竟有没有生命呢？如果没有生命的话，遗传、变异跟病毒到底有什么关系？

科学家们发现，病毒没有细胞；它们既没有细胞核，也没有细胞膜。病毒的核心是包含遗传信息的遗传物质（核酸），外面有蛋白质保护壳。病毒的遗传物质可以是DNA（脱氧核糖核酸）或RNA（核糖核酸），它们作为遗传密码的载体，能够自我复制，产生新病毒。因此，病毒实际上具有了活细胞的一些特性，比如遗传与繁殖。正因为如此，病毒在遗传与繁殖过程中，也不可避免地会出现变异。可是，病毒又跟生物体不一样，它没有新陈代谢功能，它不能吃不能喝，当然也就不可能把食物转化成能量。它缺乏核糖体（即核蛋白体），因此不能从信使RNA分子中自主地生成蛋白质。由于缺乏这些基本的生命功能，它不能自行繁殖，必须寄居在生物体的活细胞内才能繁殖。这就是为什么病毒一定得要感染其他生物细胞才能繁衍，它所寄居的生物体称作"宿主"。

总之，一般认为，病毒不能被直接定义为生物，却能通过感染细胞表现出基本的生命特征，因而被视为一种无细胞的生命形式。换句话说，病毒介于生物与非生物的交界处。不过，也有人主张：生物或可分为无细胞生物（即病毒）与细胞生物（即原核与真核生物）；换言之，也许病毒在"生命之树"上代表一种不同的有机物，可以称作衣壳编码有机物（capsid-encoding organisms，CEOs）。那么，病毒究竟是什么？它长得什么样子？它是如何繁殖的呢？

病毒的"庐山真面目"

病毒是极其微小的颗粒，一般不超过300纳米长（1纳米约等于1毫米的一百万分之一），是细菌大小的一千分之一（但是，新发现的巨型病毒可大于1 000纳米，比最小的细菌还要大），而细菌比大多数人体细胞要小很多很多。我们用肉眼是看不到自己的细胞的，必须在显微镜下，才能看见人体细胞以及细菌。病毒小到连在一般的光学显微镜下都看不到。但是，在电子显微镜下，常见病毒显示出不同的大小与形状。小的病毒颗粒只有十

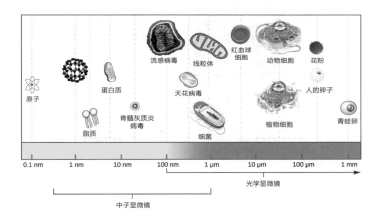

光学显微镜

中子显微镜

病毒尺寸示意图

几纳米长，比如口蹄疫病毒；大的可长达300纳米长，比如麻疹病毒。病毒的形状与复杂性也是五花八门：有的病毒圆圆的，像炸出的爆玉米花似的，比如天花病毒；有的是球状的，比如流感病毒；有的呈条形或棒状的，比如烟草花叶病毒。还有的病毒形状更复杂，比如引起普通感冒的病毒，是由20个表面组成的多菱形球体，每个表面呈等边三角形。而有的病毒，看起来像蜘蛛或小型的阿波罗着陆舱，比如<u>噬菌体病毒</u>（专门以细菌为宿主的）。

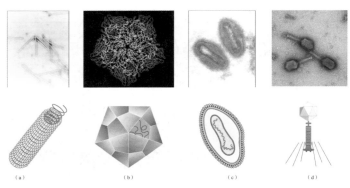

病毒的种类：（a）烟草花叶病毒 （b）人鼻病毒HRV14
（c）天花病毒 （d）噬菌体病毒

病毒颗粒由三部分组成：

1. 核酸：一套遗传指令，DNA或RNA，单链或双链（即双螺旋）。

2. 蛋白质外壳：包裹并保护DNA或RNA的外壳。

3. 脂质膜：包裹蛋白质外壳的一层保护膜；只有一些病毒有脂质膜，比如流感病毒，这类病毒又叫包膜病毒。没有脂质膜的病毒，称作裸露病毒。

病毒内没有什么化学装备（即缺乏一种大分子生物催化剂——"酶"），因而不能进行生命活动所需的化学反应。病毒最多带有一两个酶，用以解码遗传信息。因此，它必须找到宿主细胞以便生存与繁殖。离开宿主细

胞，病毒什么也干不成了！那么，病毒是如何攻击宿主
细胞的呢？

"以毒攻毒"

我们知道受到某些细菌感染会生病，可是病毒连细
菌也不会放过呢。因为细菌具有活细胞，病毒会通过攻
击细菌细胞来复制自己；而病毒攻击细菌细胞的方式，
跟它感染其他生物的方式一模一样。我们先用这个例子
来了解一下病毒是如何攻击宿主细胞的，也就是认识病
毒的繁殖方式。

感染细菌的病毒叫噬菌体，意思是吃细菌者。细菌
是单细胞微生物。虽然每个细菌只有一个细胞，但是由
于细菌的数量极大，因此加起来的细胞总数也很惊人。
前面提到过，噬菌体病毒的外形看起来像小型的阿波罗
着陆舱，上面的"正舱"（即病毒的头部）里，储藏着噬
菌体病毒的遗传物质；下面的"着陆架"（即病毒的尾
部），用于固着在细菌表面。噬菌体病毒一旦附着于细
菌表面，便迅速将病毒的遗传物质直接"射入"细菌的

活细胞之中，而把蛋白质外壳抛弃在外。病毒的遗传物质进入细菌的活细胞里面之后，迅即掌控细菌的所有活动。结果，细菌失去了自控能力，无法继续生产自身所需要的化合物，而是要"为他人作嫁衣裳"——开始生成新的噬菌体病毒！顷刻之间，细菌内充满了成百上千个噬菌体病毒。最后，细菌被体内大量的病毒撑破，这些新病毒逃离出来，再继续感染周围的细菌，直到所有的活细菌都被感染。由此可见，病毒的感染性真是太可怕了！此外，请注意在这一例子中，噬菌体病毒的蛋白质外壳压根儿就没有进入细菌的活细胞里面去，它只是把遗传物质（即核酸）"嵌入"进去，就达到了复制自己

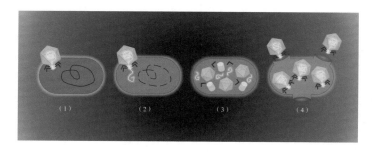

噬菌体攻击细菌的步骤：（1）噬菌体在细菌表面着陆；（2）噬菌体将自己的DNA注射入细菌；（3）细菌开始复制噬菌体DNA，这些DNA可用于新一代噬菌体；（4）最后，大量新的噬菌体合成，撑破细菌细胞，被释放出来

与繁殖的目的。而我们患感冒或流感时，病毒攻击我们的"套路"则稍有不同。

感冒病毒如何进入你的细胞？

1. 患感冒的人在你的周围打了个喷嚏。

2. 通过呼吸，你吸进了那个人的感冒病毒颗粒，黏附到你鼻腔内鼻窦的内衬细胞上。

3. 病毒攻击鼻窦的内衬细胞并迅速生成新病毒。

4. 你的鼻窦的内衬细胞破裂，病毒侵入血液并进入肺部；由于鼻窦内衬细胞被攻破，黏液流入鼻腔，因此你会流鼻涕。

5. 同时，液体流入你的喉咙（因为耳鼻是相通的），攻击你喉咙的内衬细胞，因此你会感到喉咙痛。

6. 然后，血液中的病毒攻击你的肌肉细胞，这时你会感到浑身肌肉酸痛。

7. 人体免疫系统跟病毒作战的过程中，会释放出一些称作发热物质的化合物，致使你体温升高。这就是为什么患感冒或流感时会发烧。体温上升实际上是帮助降

低病毒繁殖的速度，这是免疫系统在工作的缘故。直到
病毒被完全消灭，你的上述症状才会消除。

　　这个例子跟上面噬菌体病毒攻击细菌的情况稍微不
同，病毒实际上已经进入了你体内的细胞，病毒的遗传
指令夺过你体内细胞遗传指令的大权，利用你体内细胞
的"化学工厂"，生产大量的新病毒。然后，新病毒逃离
被感染的细胞，再去攻击其他细胞，产出更多的新病毒。
由于病毒繁殖极快，很快就会攻陷整个身体。

　　总之，无论是什么样的病毒，感染什么样的宿主活
细胞，上述的一些基本步骤（科学上称作"溶解循环"）
都是大同小异的：

　　1. 病毒颗粒附着到宿主细胞上。

　　2. 病毒颗粒将其遗传指令（即病毒遗传物质 DNA 或
RNA）释放到宿主细胞中。

　　3. 病毒遗传物质"俘获"宿主细胞酶，生成新病毒
颗粒的"零件"。

　　4. 新病毒颗粒的"零件"组装成新病毒。

　　5. 新病毒脱离已被感染的细胞，继续去攻击和感染

其余的宿主细胞。

　　当然，被病毒攻击的宿主细胞也不是"吃素"的。在与病毒长期生死搏斗的演化过程中，宿主细胞也演化出许多抵抗病毒侵袭的"攻略"，除了上述简要提到的体内免疫系统之外，病毒侵入宿主细胞，也得"过五关斩六将"。因而，两者之间的长期博弈，简直是一场旷日持久、惊心动魄的战争。

第二章

病毒与细胞间的持久战

"既生瑜，何生亮？"

中国古典小说《三国演义》中有两位聪明绝顶的人物：周瑜与诸葛亮。由于他们服务于两个不同的国家，常常斗智斗勇，互不服气，但又有一点儿彼此欣赏。周瑜曾感叹说："老天既然生了我周瑜，为什么还生出诸葛亮呢？"其实病毒与宿主细胞之间的关系，也有点儿像周瑜与诸葛亮：两者都想战胜对方，但是常常互有胜负，似乎谁也占不了绝对的优势。病毒与宿主细胞之间，在亿万年间进行了无数次的较量，至今也没有分出胜负。在这场旷日持久的战争中，双方都受到自然选择的驱动，因而存在着协同进化的关系。

故有人认为，在大约40亿年前，地球上生命起源之初，病毒与非病毒生物之间，就采取了两套完全不同的策略。两者在迈入生命的"门槛"之前便分道扬镳。病毒"选择"走极简主义之路，始终保持最简单的结构——遗传物质加上保护它的蛋白质外壳。病毒没有细胞，没有新陈代谢，没有能量消耗，不需要觅食、生长、求偶、交配等"维持生计"的种种"耗能"的生命活动。病毒是单纯的基因运载器，利用生物宿主的细胞"借腹生子"，进行自我复制，因而至今被视为非生命体。而非病毒生物从单细胞生物（比如细菌等）开始，向着越来越复杂的方向演化，为了生存和繁殖，费尽了心机，各显神通，最后演化出缤纷多彩、最美丽、最奇妙的生命世界（即地球上的生物多样性）。

病毒的起源与演化

关于病毒是如何起源的，科学家们至今还没有定论，目前主要有三种假说。"假说"是科学家根据已知的科学事实与科学原理，对自然界的某种现象提出合乎情理的推论，作为目前相互间工作和交流的基础。科学假说只有被证实之后，才能上升为科学理论。

科学家公认，病毒在地球上分布极广，超过任何一种生物。从南极到北极，从沙漠到海洋，从高空到地下，从细菌、动植物身上到人体内外，病毒无处不在。病毒的种类和数量可能远远超过地球上所有生命体的总和。从病毒的数量与广泛分布上看，今天的病毒是长期演化的结果。那么，病毒是如何起源和演化的呢？

部分科学家认为，病毒的起源是个渐进的过程。最早可能起源于核酶，核酶是具有催化特定生物化学反应功能的RNA分子，它跟"类病毒"有些相似（请注意：类病毒是核酸类酶，但并非所有核酸类酶都是病毒）。类病毒是一种具有传染性的单链RNA病原体，比病毒还要小，而且没有蛋白质外壳。类似于类病毒的活性遗传物质，在获取了几个结构蛋白之后，获得了从一个细胞内出来并进入另一个细胞的能力，于是就演化成了穿梭于细胞间的具有感染性的病毒。

另一些科学家则认为，病毒的起源是个倒退的过程。病毒是具有细胞的有机物退化而来的残留物。微生物学家一般认为，某些细菌是细胞内寄生物，是从独立生存的有机体那里演化而来的。或许现在的病毒，也是因为采取了寄生复制的策略，而从原本独立生存的有机体那里退化出来的产物。

还有一些科学家认为，简单的、能够复制的RNA分子在细胞生命出现之前就已经存在了，并有了传染性，感染了最初出现的细胞。因此，实际上病毒是所有生物的祖先。到目前为止，在这三种假说中，还没有哪一种假说可以成为定论。也有科学家认为，或许病毒起源不止一次，也不一定只是通过一种方式起源的。也许所有病毒的起源方式，我们目前压根儿还没有认识到呢！总之，这个问题的解决，有待于<u>病毒学</u>、<u>基因组学</u>以及<u>结构生物学</u>等多领域基础研究的进展。

　　跟非病毒生物的演化一样，病毒的演化也是受自然选择驱动的。那么，什么是自然选择呢？

自然选择学说

《物种起源》

　　自然选择是英国博物学家达尔文在《物种起源》里提出的理论。要了解什么是自然选择，还要从他在"人工选择"现象中的发现说起。我们日常生活中很多动植物，都是通过人工选择的筛选和培育而变成今天这个样子的。

　　比如，达尔文发现，我们平常吃的白花菜、西兰花、卷心菜、茎蓝（大头菜）和羽衣甘蓝（一种沙拉中常用的洋菜）

达尔文

29

等蔬菜，都是用"人工选择"的方法，从同一种野生甘蓝培育出来的。这是人们根据遗传原理，按照自己的喜好，在野生甘蓝中特意选择某些花或叶或根比较发达的留种，利用个体变异，一代一代地培育出来的。所以，经过很多世代之后，有的品种的花变得越来越大（花菜），有的叶子变得越来越大（卷心菜），有的根变得越来越大（大头菜），这是人工选择的结果。

同样，世界上现在有300多种不同品种的狗，都是从同一个野生物种——狼，经过人们世世代代的选择、培

单一野生植物种内变异经过人工选择后的不同产物。西兰花、花椰菜、抱子甘蓝、卷心菜、花椰菜、羽衣甘蓝和大头菜（图中未显示）都是原产于地中海地区的芸苔属植物的园艺品种。© Dan L. Perlman

育和驯化，即"人工选择"产生出来的。比如在选育善于奔跑的猎犬时，人们选择腿长、跑得快的，抛弃腿短、跑得慢的。而在选择宠物犬时，就迎合不同主人的不同偏好，有的狗小巧玲珑、有的性情温顺、有的甜美讨喜，等等。还有各种家畜品种，也是经过长期"人工选择"而形成的，比如产奶多的奶牛、瘦肉型猪、毛质好的绵羊、跑得快或能负重的马等。这些都是因为生物本身在遗传中发生变异，而人们有意识地选择自己喜欢的或对人类有用的变异、淘汰自己不喜欢的或用处不大的变异，从而形成了五花八门的不同品种。达尔文把这种人为的力量称作"人工选择"。

　　达尔文还发现，自然状态下的生物物种，也同样存在着变异。有些变异对生物本身似乎无所谓，有些可能会有害处，还有一些可能很有用。比如，生活在绿叶丛中的虫子，原本是绿色的，是一种保护色。如果有些个体变异的出现，改变了虫子的颜色，那么，这些变异的个体就很容易被天敌发现而吃掉。这种变异对虫子来说，就是有害的，因此很快就会消失。反之，如果出现有利于生存和繁殖的变异，这种变异就会被保存下来并遗传下去。比如，果园里的桃树，由于变异，会结出两种稍微不同的桃子：一种是表皮毛茸茸的、粉红色的桃子，另一种是表皮光滑的黄桃子。达尔文发现，果园里有一种甲虫叫象鼻虫，专门喜欢吃表皮光滑的黄桃子，而不喜欢吃表皮毛茸茸的、粉红色的桃子。因此，结黄桃子的桃树就越来越少了，剩下的结粉红色桃子的桃树则越来越多。由于这当中没有人类的干预，达尔文便称这种现象为"自然选择"。

《人口论》

那么，没有人类的干预，自然选择究竟是如何发生的呢？这个问题，让达尔文费尽了脑筋！在很长一段时间里，他怎么想也想不通。有一天，他在读马尔萨斯的《人口论》一书时，突然拨开迷雾见青天，一下子便明白了。

马尔萨斯是研究人类社会的科学家，他发现如果听任人类自然增长的话，人类繁殖的速度很快就会超过农作物增产的速度。光是粮食就不够吃，更不要说像住房、交通等其他方面的生活资源了。而人类历史上控制人口

马尔萨斯

增长主要通过下列天灾人祸的方式：自然灾害、饥荒、瘟疫（造成大批人死亡的流行性传染病）、战争等。达尔文一想，自然界不也正是如此吗？

　　首先，自然界的生物繁殖速度也是异常迅速的，而自然资源是有限的。大家为了竞争有限的食物和空间，互相之间就要拼死搏斗，达尔文称之为"生存斗争"。另外，我们知道，自然界的生物之间形成了一个"食物链"或食物网，即通常所说的"大鱼吃小鱼、小鱼吃虾米"。很多生物要想方设法逃避被它们的捕食者吃掉的命运，比如一般草食动物都比猎食它们的肉食动物要跑得快，像羚羊、兔子等。肉食动物跑得慢一点儿，失去的只是一顿美餐；如果草食动物跑得慢一点儿，它们丢掉的就会是性命！这是被惨烈的"生存斗争"逼出来的生存之道。其次，生物中存在着大量能够遗传的变异，由于生存斗争，这种能够遗传的变异，无论多么微小，只要它对生物本身有利，就会被保存下来，而有害的就会被清除。因此，达尔文给这一"保存"的原理起了个有趣的名儿，就是我们前文讲到的"自然选择"。

我们再来看看具体的例子。

蒲公英有着美丽的、带有茸毛的种子，聚集成一把把小伞似的。你摘下来，放在嘴边轻轻地一吹，那些种子便四散开去。蒲公英长成这个样子，可不是专门给小朋友们吹着玩的，而是为了它自己的生存斗争！

种子带有茸毛，无疑和地上已经长满了其他植物是密切相关的；只有这样，蒲公英种子才能随着微风飘荡，得以广泛传播，能够落到没被其他植物占据的空地上，落地生根、发芽成长。蒲公英还生有极长的根，在跟周围的植物竞争以及抵御干旱等方面，都占有极大的优势。蒲公英可以说是通过自然选择，在草地上"适者生存"的最好的例子啦！

另一个有名的例子是长颈鹿。拉马克想，嗯……也许伸着脖子去吃高枝上树叶的长颈鹿，生出的小宝贝脖子会更长一些？这样一代一代下来，长颈鹿的脖子就越伸越长。事实上，他这种理论有点儿不靠谱，我们知道举重运动员膀子上的肌肉很发达，但并不能遗传给子女。

但是按照达尔文自然选择的理论，就很容易理解：

由于个体变异的缘故，长颈鹿祖先的脖子有的长一点，有的短一点。当树叶不够吃的时候，脖子长的长颈鹿占了优势，可以吃到更高处的树叶，而脖子短的就可能饿死了。脖子长的长颈鹿活了下来，并留下了后代。这就是自然界生存斗争的结果。经过生存斗争的淘汰之后，脖子长的长颈鹿会越来越多。长久下去，长颈鹿的脖子变得越来越长，这个过程就叫自然选择。

自然选择驱动生物演化

自然选择不仅让生物的物种更加适应环境，它还有一个特别重要的作用——造成了生物的多样性。最著名的例子就是达尔文在加拉帕戈斯群岛看到的地雀。达尔文注意到，加拉帕戈斯群岛上的地雀，长着不同大小和形状的喙。这些差别有助于它们挑自己喜欢的不同食物吃。不同的喙适合于啃咬不同的食物。大嘴巴适合压碎坚硬的种子，小嘴巴适合吃软一些的种子。长而尖的嘴巴适合撕开仙人掌的花，能夹住小棒棒的嘴巴则适合探测和寻找昆虫。这些不同的地雀最初都是由同一个祖先，为了适应各个小岛上不同的环境

1. 大嘴地雀（*Geospiza magnirostris*）2. 中嘴地雀（*Geospiza fortis*）
3. 小嘴地雀（*Geospiza parvula*）4. 加岛绿莺雀（*Certhidea olivace*）

（不同的食物来源），经过自然选择演化而来的。因此，自然选择可以使一个现存的物种演化出一个或很多个新的物种。长期下来，世界上五花八门的物种就这样产生出来了。

前面提到，虽然在严格意义上病毒不能算是生物，但是由于它要借宿主细胞才能繁殖，因而也必然遭受自然选择下的演化压力。现在让我们来看一看自然选择驱动病毒演化的实例。

人体的免疫系统有一套对付病毒侵害的办法。在这种情况下，病毒必须想办法躲开人体的免疫系统，尽快地多多复制自己并去传染更多的宿主。因此，有助于完成上述任务的病毒特征（或性状），就会被保存下来并传给新生的病毒；而不利于病毒复制和传播到其他宿主的病毒特征（或性状），就会被淘汰而消失。这就是自然选择的力量！

假如有一种病毒突变会在感染人体几小时之内便杀死宿主，这一突变的杀伤力就太大了；如果新病毒在这几小时内不能感染新的健康宿主，新病毒就无法继续生存与繁殖，那么这一杀伤力极大的病毒突变便会消失。这就是为什么大多数病毒的毒性并不是杀伤力极大的，而且其毒性在感染宿主的过程中，一般来说会逐渐减弱。总之，病毒通常并不会做跟宿主同归于尽的"人肉炸弹"的蠢事。

人体宿主对付病毒攻击的办法之一，是人体免疫系统产生抗体。抗体会锁定在病毒蛋白质外壳的表面，使它无法进入宿主细胞。如果一个病毒跟先前攻击过该宿主的那些病毒外表面貌不同，感染成功的希望就会大一些；因为宿主产生的抗体，只"认识"先前的那些病毒，可能会对这一新面孔病毒"网开一面"。这也是为什么病毒经常通过突变来"更新"其外表，实际上是通过突变而"变脸"，好在宿主先存的抗体面前"蒙混过关"。因此，很多病毒的适应性演化，主要是改变病毒的外表。这对于大多数RNA病毒来说，简直是易如反掌的事，因为RNA病毒非常容易产生突变。

让我们来看看病毒演化中的两个熟悉的例子吧：一个是流感病毒，另一个是艾滋病病毒（HIV）。这两种病毒都是RNA病毒，即它们的遗传物质是用RNA编码，而不是用DNA编码的。DNA是比RNA更稳定的分子，DNA病毒在其繁殖过程中，有编码校对的程序，它利用宿主细胞检验DNA复制是否出错（即发生突变），而且宿主细胞还有纠错功能。而RNA则是不稳定分子，在复制过程中也没有校对和纠错的程序和功能。因而，相对而言，DNA病毒变异（或突变）较少，RNA病毒复制过程中经常出错，且没有宿主细胞给它纠错。因此，RNA病毒经常会发生突变。

可怕的流感大流行

流感病毒一般由包在蛋白质外壳内的7—8个RNA片段组成，非常容易发生突变，因此演化极快。这就是为什么每一季的流感疫苗都不一样，人们每年都要重新注射新的流感疫苗。科学家根据目前流行的流感病毒，预测下一季可能大流行的毒株，来研制下一季的流感疫苗。有时候，科学家预测得很准，那么新疫苗就会很有效。有时候并不那么准，因而效果也不大。美国2019—2020年的流感季节，科学家就没有预测准，因而流感病毒很猖獗。不过，注射过流感疫苗的人即便依然"中招"，其症状也普遍比没打疫苗的人要轻得多。所以，美国的易感人群，比如儿童、老年人以及体弱多病者，每年都是需要注射流感疫苗的。

流感病毒的演化可以是渐进式的，主要是病毒外壳表面蛋白质囊膜上的<u>血凝素（HA）</u>与<u>神经氨酸酶（NA）</u>发生基因突变引起的。这些抗原突变会使流感病毒的外貌改变（"变脸"），让宿主免疫系统内（根据以前感染的流感病毒而产生）的抗体辨认不出来，宿主就会被新的流感病毒感染。因此，不同<u>流感亚型</u>的代号就是根据血

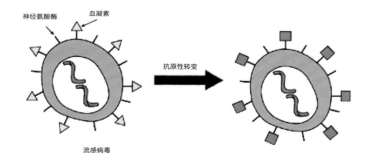

抗原性转变

凝素（HA）与神经氨酸酶（NA）的首字母大写来命名的。比如，2009年流感季的流感亚型代号，定名为A型流感的H1N1亚型。

流感病毒亚型的改变，是由抗原性转变引起的。抗原性转变是指，至少两种以上的A型流感病毒结合起来形成了一种新型病毒，跟祖先类型完全不一样，也就是说一个新的亚型诞生了。通常，新亚型流感病毒会引发流感的"大流行"，因为人体内的抗体不管用了。因而，病毒与人体之间的协同进化，如同猫捉老鼠的游戏一样。等到人体免疫系统的新抗体产生之后，下一季的流感病毒又发生突变，"改头换面"了。这是一场永无休止的

"持久战"。

抗原性转变有两种方式：

1. 通过<u>基因重组</u>，即当两种或多种不同的A型流感病毒感染同一宿主细胞时，它们的基因得到相互结合、重组的机会。A型流感病毒不仅会感染人体，还会感染其他动物，如鸟类、猪、马等；当这些不同的流感病毒结合重组之后，就发生了重大的抗原性转变。比如，猪流

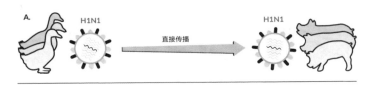

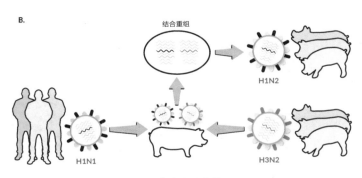

流感病毒的传播

A. H1N1禽流感直接传播成为H1N1猪流感；B. 流感病毒结合重组导致的抗原性转变：H1N1人流感与H3N2猪流感病毒通过中间宿主结合重组后，经抗原性转变而成为新型H1N2猪流感

感病毒与人流感病毒在鸟类身上发生基因重组，由此产生的新病毒便与以前的病毒截然不同。如果这一新病毒在人群中开始传染的话，新的流感大流行就会出现。

2. A型流感病毒并没有发生很大的基因突变，而是从一种生物（如鸟类）身上传到另一种生物（如人或猪）体内。尽管不同物种之间的相互感染不常发生，但是一旦发生，禽流感病毒就会在人体内发生基因突变，然后再造成人际间传染（即人传人）。如此一来，也会出现新的流感大流行。比如，2003年由香港开始的亚洲禽流感（H5N1），从受感染的鸟类身上传到了人体，弄得人心惶惶，一时间亚洲各国几乎所有的鸡鸭都被"宰尽杀绝"了。所幸那次的H5N1还没演化到很容易人传人的地步，结果并没出现大家所恐惧的H5N1流感大流行，只是虚惊一场而已。

然而，人类并不总是如此幸运的。1918—1919年的"西班牙大流感"（H1N1）曾在世界范围内夺走了5 000万人的生命。当时全球的总人数才15亿人，受感染人数却高达1/3左右（5亿人）。光美国就死了67.5万人。这是人类历史上死亡最为惨重的流感大流行，由于当时人们对病毒所知甚少，对那次流感的缘起也不清楚。但随着科学的不断进展，科学家也一直试图破解1918大流感之谜。2018年，在纪念那次大流感100周年之际，美国疾病防治与预防中心（以下简称CDC）网站，发表了一篇长篇报告，记述了1918大流感病毒终于被鉴定出来，并被科学家在实验室条件下复活的全过程，读来简直像一部侦探小说。下一章的内容是根据这篇报告写就的简要介绍。

第三章

破解 1918 大流感之谜

执着的科学探索精神

　　故事要从美国阿拉斯加海边的一个小村庄说起。1918大流感在美国肆虐时，这个人烟罕至的边陲小村庄只有80个居民（大多是因纽特人），由于交通不便，他们极少外出，仅偶尔有外地商人和邮递员来访。令人不解的是，在1918年11月15日至20日5天之间，全村有72人死于流感，只有8人幸存。后来，在当地政府的安排下，这些死者一起被埋葬在村子旁边一处坡地，并在那个墓地立了个小小的白色十字架作为标示。

阿拉斯加布瑞维格米申的集体坟冢，小村庄里80名成年居民中的72人死于1918年致命的大流感病毒，被埋葬于此。©Angie Busch Alston

1951年，一位25岁的美国爱荷华大学的博士生来到了这个小村庄，他名叫约翰·胡尔挺，瑞典人。来自北欧的他深知，埋在阿拉斯加永久冻土层中的流感病人尸体中，可能还保存有可供研究的1918大流感的病毒。胡尔挺与爱荷华大学的几位同事千里迢迢来到了阿拉斯加，征得了村庄老人的允许，开始挖掘墓地。须知人工挖掘永久冻土层，是非常艰难的事，他们不得不生起篝火，使冻土稍微融化一些，否则根本挖不动。经过好几天的艰苦挖掘，终于在地下几米深的地方，挖到了一个小女孩的尸体。尸体保存完好，连小女孩身穿的蓝衣服和头发上的红丝带都保存得如新的一般。胡尔挺等从这位女孩以及跟她葬在一起的其他几具尸体上，成功地采集到了肺组织样品。然而，在那个年代，如何成功地将这些样品带回到位于美国中西部的实验室，却是比采集样品本身更为艰巨的任务。

他们当时乘坐的飞机还是螺旋桨飞机，途中需几次着陆加油。由于没有保温箱，每到一处加油的机场，他们都得赶快下飞机，设法将样品重新冰冻起来，以防肺组织样品腐烂。回到实验室之后，胡尔挺试图将肺组织样品植入鸡蛋里面，希望病毒能够"生长"出来。结果

1951年，约翰·胡尔挺（左一）与同事第一次尝试从埋葬于布瑞维格米申的尸体中采取1918大流感病毒样本。©Johan Hultin

　　并没有，他们最初的努力失败了。现在看来，实在是不足为怪的，当时的条件实在太差了。

　　时隔46年后的1997年，当时年已古稀的胡尔挺，在《科学》杂志上看到一篇题为《1918年西班牙大流感病毒遗传特征初探》的论文。这篇论文再度激起胡博士的强烈兴趣，他联系了该文作者——华盛顿国防病理研究所的年轻分子病理学家陶本伯格博士。陶本伯格博士论文的样品来自一位当年在南卡罗来纳州杰克逊堡驻军的21岁美国大兵，他是在1918年9月20日因流感引起的肺炎住进当地医院的，于 6 天之后的 1918 年 9 月 26 日病逝。当时医院采集了他的肺组织样品，留待将来研究。陶博士等对这一样品的病毒进行了 RNA 测序，初步认为 1918 大流感病毒是一种新甲型流感病毒（H1N1），属于源自人和猪（而不是鸟类）的病毒亚群。由于手头的样品有限，陶博士论文的结论还不能视为定论。因为在科学研究上，如此重要的结论不能依赖于"孤证"，必须有更多的样品测序予以验证才行。

胡博士读罢陶博士的论文之后，立即兴奋起来，他立即写信给陶博士，讲阿拉斯加那个小渔村的墓地里保存着很多 1918 大流感死者的尸体，问他是否感兴趣到那里去采样。陶博士收到胡博士的信后，立即眼睛放光！他抓起电话给胡博士回音：非常感兴趣！胡博士也在电话里自告奋勇，乐意亲自去阿拉斯加为陶博士采样。已72 岁高龄的胡博士，为了科学研究、为了破解 1918 大流感之谜，再度出征阿拉斯加。一周之后，胡博士带上简陋的工具（包括他夫人在花园里用的园林剪刀），飞往阿拉斯加。

这时的胡博士已经不是当年读博时囊中羞涩的"学术青椒"。这一次，72 岁的他自费而去，取得村委会同意之后，他在当地雇了一些民工，在墓地挖了5天之后，便在几米深之处有了重要发现：一具20多岁的女尸，胡博士称其为"露西"。她死于1918大流感，尸体在冻土层中保存完好，肺部被完全冰冻着。胡博士摘取了她的双肺，置入保存溶液中，分别寄给陶博士以及他的同事们，包括雷德博士。10天以后，胡博士接到他们的电话，知会他此次取样非常成功，他们已从露西的肺组织上成功获取1918大流感病毒的遗传物质。胡博士为这次采样，共花了自己积蓄的3 200美元，对于一位退休老人来说，这不是一笔小数目。更重要的是，他对科学探索的执着精神，着实令人感动。

1999年2月雷德博士等人在《美国科学院院刊》上发表了《1918年西班牙大流感病毒血凝素（HA）基因的起源与演化》，胡博士是该文的共同作者之一。这篇文章用了三个样品，第一个是前面提到的南卡罗来纳那位美国大兵的肺组织样品；第二个是露西的肺组织样品；第三个样品来自另一位当年驻军在纽约阿普顿军营的30岁男军人，他是1918年9月23日患流感入院，3天后（1918年9月26日）死于呼吸衰竭。

大流感病毒血凝素基因决定了血凝素表面蛋白质的

性质，而这些血凝素（HA）表面蛋白质帮助流感病毒进入和感染健康的呼吸道细胞。人体免疫系统所产生的反击病毒的抗体也是以血凝素（HA）为目标的；因此，流感疫苗也是针对流感病毒特定的血凝素（HA）而制成的。

此外，1999 年的这篇论文，还成功地对 1918 年西班牙大流感病毒血凝素（HA）基因进行了完整测序，发现这一病毒的祖先早在 1900—1915 年间就感染了人类，它来源于哺乳动物（不同的分析方法显示，不是源于猪就是源于人类自身）而不是鸟类。不过，作者们同时相信，这一病毒很可能最早从鸟类禽流感病毒中获得的血凝素（HA），但无法确定已在哺乳动物宿主身上"潜伏"多久之后才暴发的。总之，该文作者们认为，1918 年西班牙大流感病毒的病毒株［即血凝素（HA）表面蛋白质］跟猪流感的病毒株很接近，而跟现在禽流感病毒的病毒株是大不相同的。2000 年 6 月发表的《1918 年西班牙大流感病毒神经氨酸酶（NA）基因特征》这一续篇，进一步证实了前一篇的结论。在流感病毒中，神经氨酸酶基因是负责为神经氨酸酶表面蛋白质编码的，神经氨酸酶表面蛋白质帮助流感病毒逃离已被感染的细胞，再去感染其余健康细胞。所以，血凝素（HA）与神经氨酸酶

（NA）是流感病毒中的"哼哈二将"，前者帮助流感病毒钻进健康细胞去复制自己，而后者则帮助新病毒逃离被感染的细胞，继续作恶——去感染更多的健康细胞。两者在病毒蔓延过程中通力合作，配合默契，祸害无穷。

值得指出的是，第二篇文章的神经氨酸酶（NA）基因是从露西的肺组织样品中的流感病毒里获取的，因此，胡博士真是功不可没！至此为止，1918年西班牙大流感之谜貌似已被破解，但故事并未到此结束。

"复活"1918大流感病毒

为了反向验证上述研究成果，美国疾控中心决定复活1918大流感病毒，再用复活的病毒去感染实验动物小鼠，以检验被感染宿主的症状，是否与1918大流感死亡者的症状相符。这不但是极为大胆的想法，也是检验上述研究结果、彻底破解1918大流感病毒之谜的不二法门。这一决定，在慎重考虑到安全因素、经过两个专门委员会（CDC生物安全委员会以及CDC动物福利与使用委员会）反复研究后，由亚特兰大美国疾控中心（CDC）总部的高级政府官员批准实行。

美国疾控中心主任办公室最后决定，遴选一位有经验的微生物学家独立进行这项实验，实验室设在亚特兰大美国疾控中心总部，除了这位研究人员之外，其他任何人不得进入该实验室。最后由美国疾控中心主任亲自批准汤姆培博士为这一实验的唯一科学家。汤姆培博士曾是美国农业部东南家禽研究室的微生物学家（研究禽流感的专家），专为从事这项研究而被正式调入美国疾控中心。汤姆培博士复活 1918 大流感病毒的实验是 2005 年夏天开始的，实验室以及汤博士个人的安全防护工作布置得异常严密：首先，他必须等到大楼内工作人员下班、全部离开大楼回家之后，才能进入实验室开始工作；其次，必须通过指纹鉴定，他才能进入实验室；最后，他每天必须服用预防病毒感染的药物，确保不受伤害。万一他被感染，就会立刻被隔离起来，绝不能与外界有任何接触。汤博士完全理解并接受这样的安排。

汤博士使用预先配置好的 1918 大流感病毒基因片段的质体（即能够自主复制的 DNA 分子），将其嵌入预先取出的人体肾脏细胞；然后，那些质体就会指令肾脏细胞复活 1918 大流感病毒的 RNA。在 2005 年 7 月那几周里，汤博士的同事们一直在急切等待着他的实验结果，都想知道1918大流感病毒是否在肾细胞培养中复活了。突然有一天，汤博士在肾细胞培养中发现1918大流感病毒"亮相"了，他兴奋不已，知道这是一个历史性的事件——他已成功地将灭绝了的1918大流感病毒复活啦！他立即给同事们发出了电子邮件，并且神秘兮兮地只写了一句话——他引用了当年阿波罗登月成功时美国宇航员尼尔·阿姆斯特朗的那句名言："这是一个人的一小步，却是人类的一大步。"同事们看到邮件后，都顷刻明白汤博士的实验成功啦！汤博士成为史上复活了1918大流感完整病毒的第一人，接下来可以进一步研究这一病毒的致命秘密并彻底破解1918大流感之谜了。

"水落石出"

汤博士与他的合作者们趁热打铁，于2005年8月开始研究这一实验成果，同年10月，《科学》杂志就发表了他们的论文——《复活了的1918大流感病毒的特征》。为了研究1918大流感病毒的病原性（即病毒感染宿主引发疾病的能力），汤博士用复活了的1918大流感病毒感染了实验小鼠，同时，用其他不同种的流感病毒基因进行重组，然后感染不同的小鼠，作为参照对象，以对比它们之间的异同。结果发现，被1918大流感病毒感染的小鼠，4天之后，相比被其他流感病毒感染的小鼠，肺部病毒复制数（即新病毒产生的数目）高达39 000倍！这就是1918大流感病毒传播速度极快的原因所在——病毒复制得太迅速了。

此外，汤博士还发现1918大流感病毒的毒性极高。被1918大流感病毒感染的小鼠，许多2天之内体重就降低13%，3天之内就一命呜呼了。比起被其他流感病毒感染的小鼠来看，1918大流感病毒的毒性要高出100倍以上，这就是1918大流感中死亡人数超高的原因所在。汤博士还发现：被1918大流感病毒感染的小鼠，只得肺炎，而心、脑、肝、脾等重要器官受损很小或几乎未受损，这跟1918大流感死者的症状是一致的，他们主要死于严重肺炎、肺水肿与肺衰竭。这说明1918大流感病毒有其独特的严重病原性，跟其他流感病毒不一样。

更有意思的是，汤博士与他的合作者们，还做了进一步的对照实验：用1918大流感病毒感染了受精10天的

鸡蛋，结果杀死了孵化的鸡胚胎，其毒性跟现今的H1N1
禽流感病毒一样，而用现今A型H1N1人流感病毒或其
他经过基因重组的病毒去感染鸡胚胎，毒性就没那么大，
并没有杀死孵化的鸡胚胎。他们由此认为，1918大流感
病毒可能最早从鸟类禽流感病毒中获得的血凝素（HA），
但在哺乳动物宿主（比如猪）身上"潜伏"很久之后，
才传染给了人，引起了暴发性瘟疫。因此，1918大流感
病毒非常独特，是大自然、病毒演化与人畜混杂等多种
因素造成的特殊与致命的产物。

历史教训

流感病毒是最常见的病
毒，几乎每个人都曾得过流
感。然而，一般人并未注意到
流感病毒每年在全球都会造成
很多人死亡。1918年的大流
感是所有大流行中死亡人数最
多的一次。这种新的流感病毒
于1918年3月在美国堪萨斯州

这幅漫画是查尔斯·亨利·赛
克斯 为1919年3月15日 的
《费城晚报》画的插图。描绘
了两具穿着衣服的骷髅（代
表西班牙流感）互相拥抱。

的莱利堡（Fort Riley）军营最先出现，然后由参战的美军带到了欧洲；同年 7 月，这一流感病毒首次出现在北欧，当时正赶上第一次世界大战刚结束，从战场上下来的士兵大批回国，通通拥挤在空间狭小的轮船上，相互间接触频繁。一开始有人病倒了，很快大批疲乏的士兵因体弱抵抗力差，也被迅速感染。对流感病毒来说，这无疑是它们感染、传播和演化的最佳机会。

　　病毒开始在西线部队间传播，然后开始散布到世界各地。医院人满为患，死亡太多太快，尸体来不及处理，

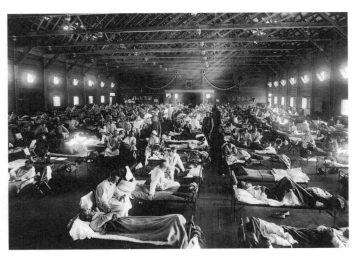

1918 大流感期间美国堪萨斯州芬斯顿营地的急诊医院

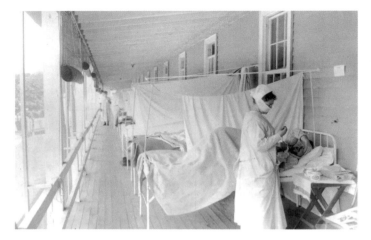

1918年11月，华盛顿军营里，一名护士在量病人的脉搏。

大多数情况下只好集体掩埋。这是人类当时感到措手不及、无法控制的事件，那时候没有检测盒，没有药物，没有疫苗，更没有免疫血清，甚至连病毒是什么都还不知道。只知道是急性肺炎不治而死。

我们已知的流感病毒最先都是来自野生鸟类，这些鸟是流感病毒的原始宿主。其中不少属于候鸟，流感病毒随着宿主的迁徙，源源不断地在鸟群之间传播扩散。但这些病毒对鸟类自身却很少有什么伤害。

当这些野鸟身上的禽流感病毒离开原始宿主，进入

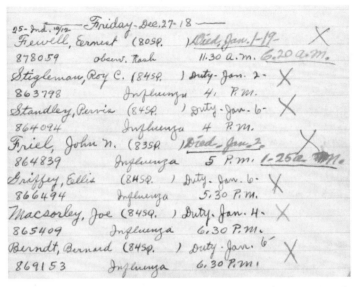

1918年12月华盛顿医院患者记录本。其中约翰·N.弗里尔于1918年12月27日下午5点入院，于1919年1月2日凌晨1点25分去世。

其他没有关联的宿主，比如哺乳动物马或猪等（即中间宿主），就会发生根本性的变化。这种四处流窜、适应不同宿主的能力，让病毒变得难以控制。它们跳跃感染不同的物种，通过基因突变、重组，交换RNA遗传片段，最后通过家畜或其他哺乳动物（如蝙蝠、果子狸、穿山甲等）中间宿主，感染人类并产生五花八门的全新流感病毒。

随着病毒肆虐全球，1918年的西班牙大流感的甲型H1N1流感病毒的毒性也在逐渐减弱，并最终消失。然而，更多新型流感病毒的威胁依然十分严峻。1918年西班牙大流感之后的100年间，全球又发生过三次大流感，即1957年、1968年和2009年。距离我们最近的2009年这次，全球死亡人数高达近30万人。这些案例无疑再次给人类敲响了警钟：我们日常接触到动物（无论是野生还是家养）的地方都可能会出现流感，遍布世界各地的家禽养殖场和养猪场等，使流感变成大流行瘟疫的可能性永远存在，并近在咫尺。

世界卫生组织每年都要在日内瓦召开两次会议，根据前一季流感病毒的遗传性质，预测可能产生的新毒株，研究决定下一季度流感疫苗的组成。全球范围内，大约有140个国家实验室通过采集鸟类血液或粪便的方式来检测流感病毒，它们常常代表着可能将会在人群中传播的最新病毒。疫苗制作往往需要提前6个月决定，显然是一种"打赌"的办法；尽管流感疫苗的预测并不总是十分理想，却是我们目前唯一可用的预防流感蔓延的武器。正因为如此，类似1918年西班牙大流感那样的惨剧才未重演。

　　在跟病毒长期交战过程中，病毒也在自然选择压力驱动下，迅速演化、花样翻新，时不时地让人类感到措手不及。我们记忆犹新的 2003 年"非典"（SARS）疫情在中国的出现，就是其中一例。

第四章

非典事件与细胞因子风暴

冠状病毒与2002—2003年非典事件

2002年11月广东省一位农民因发烧而住院，不久就因呼吸衰竭而去世。其后，同一地区相继出现了类似病情；患者都是开始出现发烧、咳嗽等症状，接着发展成上呼吸道感染并很快恶化成急性肺炎，使用各种抗生素都没有效果，死亡率较高。对这一突如其来的"怪病"，当地医生措手不及，既不了解病原，也不清楚它的传染途径，更未查出快速致死的原因，而且它跟普通肺炎完全不同。后来，这一"怪病"被时任广州市呼吸疾病研究所所长的钟南山先生称为"非典型肺炎"，简称"非典"；再后来，世界卫生组织将这一疾病定名为"严重急性呼吸综合征"，并用英语名称的首字母缩写为SARS。由于这种"怪病"发生在2002—2003岁末年初，它也就随着繁忙的春运、大量人口的流动，迅速蔓延开来。

极为可怕的是，这种病通过一些"超级传染者"，很快扩散到了全球，致使23个国家8 000多人被传染，900多人死亡，死亡率高达10%。我记得疫情结束后，《南方人物周刊》曾有一篇非常精彩的报道，追踪了SARS病毒的扩散路径，读来如同侦探小说一般，当时给我留下了深刻的印象。最初一位海鲜商人住进了广州一家医院，短短的两天之内，他感染了那里30多名医护人员。之后，他被转进另一家医院，又传染了该院20多位医务人员。其中一位被感染的医生，在不知自身已被感染的情况下，去香港参加侄儿的婚礼，不幸在下榻的酒店里发病，打喷嚏、咳嗽、发高烧，还在走廊里呕吐了一次。第二天他住进了香港的一家医院，不久就去世了。而他住过一夜的酒店成了疫病向全球扩散的最大中转站。住在这位医生隔壁房间的一位加拿大老太太，也许从未跟他碰过面，却被传染上了，并将SARS病毒带回了加拿大，进而通过乘坐飞机扩散到北美大陆。这位加拿大老太太在住院期间，又感染了一位菲律宾籍的女护工，之后这位护工回到菲律宾度假，又把病毒带到了菲律宾。

　　跟那位广州医生住在香港酒店同一层楼的两位新加坡姑娘，感染上SARS病毒后，又将病毒带回了新加坡，感染了家人，也感染了亲戚、牧师以及医护人员。还有一位美国商人当时也住在香港那家酒店，将SARS病毒带到了他经商的越南河内。2003年3月中旬，世界卫生组织向全球发布了SARS肺炎的警告，指出了该病的高传染性、高死亡率以及在医院、酒店以及飞机等处多发、传播扩散等性质。3月15日，一架由香港飞往北京的国航班机上，有一名乘客发烧、咳嗽，感染了同机的20多位乘客和空姐，这些人又把疫病传染给了大约400多位医护人员及看护的家属，使SARS病毒迅疾在北京传播开来。仅仅不到一个半月的时间，SARS病毒通过受感染者的几次飞行，辗转传播了大半个地球，最后使北京沦陷成为疫情中心。而在当时，大多数人还不知道这到底是什么样的一种瘟疫呢！

经过各国科学家的携手努力，2003年4月上旬，他们终于发现SARS病毒是一种冠状病毒。在电子显微镜下，这种病毒直径约100纳米，形似圆球状皇冠，上面有很多荆棘（钉子）状的蛋白（spike protein），故人们称它为冠状病毒。其实，冠状病毒对科学家们来说并不陌生，但过去一般只发现在动物身上，而且大多对动物宿主并没有太大的危害。过去能感染人体的冠状病毒，是一种毒性比较弱的鼻病毒，也就是引起人们普通感冒的病毒，普通感冒通常只会引发一些轻度症状，而且很快能自愈，远不像SARS病毒有如此大的杀伤力。

找到了冠状病毒这一病原，还远远不够，它们究竟来自何处呢？当年香港大学传染病学教授管轶认为，

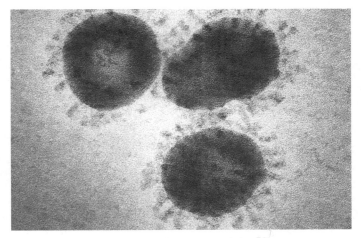

电子显微镜下的SARS病毒

SARS病毒对人类来说，显然是一种很新的、变异了的冠状病毒，那么它最有可能来自某种动物，就像过去的各种流感病毒追根溯源，最后都能找到鸟类身上一样。于是，他最初到深圳的一个农贸市场上，采集了数十种动物身上的样本，结果在6份果子狸样本里检测出类似于SARS病毒的冠状病毒。2003年9月，《科学》杂志发表了这一研究成果。此前的5月初，传出他的发现之后，果子狸就遭了殃，人们视其为SARS病毒之源而大肆残杀。在《科学》杂志这篇文章中，作者指出，果子狸很可能是从其他野生动物身上得到了这一病毒，因此可能只是中间宿主。而我们现在尚不知道的一种野生动物才是这一冠状病毒的"天然仓库"。

这一推测几年后被证实：2005年《科学》杂志发表了一篇中、美、澳科学家团队的研究报告表明，通过几年的努力，他们对中国境内的400多种蝙蝠进行了普查，在4种菊头蝠中发现了类似SARS病毒的冠状病毒。而蝙蝠身上的这种病毒，并不能直接传给人类；经过基因测

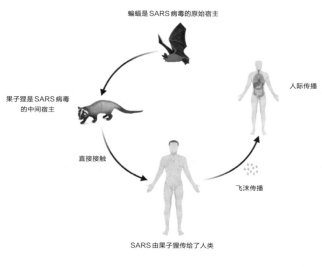

蝙蝠是SARS病毒的原始宿主

果子狸是SARS病毒
的中间宿主

人际传播

直接接触

飞沫传播

SARS由果子狸传给了人类

SARS 的传播途径

序，他们还发现，人类感染的SARS病毒，是蝙蝠身上冠状病毒的变异分支。因此，他们认为，蝙蝠是SARS病毒的源头，但是通过果子狸这一中间宿主而传染给人类的。

时隔8年，上述成果被中国科学院武汉病毒研究所石正丽的团队进一步证实：他们发表在《自然》杂志的论文揭示，造成2002—2003年SARS疫情暴发的病原是SARS冠状病毒，其直接来源是野生动物市场上的果子狸（中间宿主），而源头（即自然宿主）则是云南的中华菊头蝠。他们还指出，虽然蝙蝠身上携带许多病毒，但传染给人类的机会并不多。他们呼吁，蝙蝠在自然生态系统中起着重要作用，我们要保护它们的生存环境。远离它们以及其他野生动物，是免受它们身上病毒感染的唯一途径。

病毒从动物向人体的传播，向来是人类的噩梦，不论是禽流感，还是SARS和新冠肺炎，均给人类带来极大的伤害。尤其是冠状病毒，有相当长的跨物种传播的历史；至少近百年来，冠状病毒在动物与人类之间的传播，已先后发生过很多次。其间，由于人类跟动物的亲密接触，尤其是食用野生动物的陋习，不能不说是人类一直在给冠状病毒提供契机，使它们从动物身上"潜入"人类社会——这真是实实在在的"引毒上身"啊！

2002—2003年SARS疫情暴发虽然来势凶猛，但由于各国采取了及时有效的隔离手段以及国际间的紧密合作，疫情到2003年7月就得到了全面控制。SARS疫情中，全球被感染人数不到1万人，死亡人数在1 000人以下，可以说是史上全球性瘟疫流行中规模最小的一次。然而，为什么当年的SARS会如此令人触目惊心呢？总结起来，这是由好几个因素结合在一起造成的。

第一，SARS病毒的传染性很强；SARS病毒的传播方式主要是飞沫传染，跟普通感冒和流感的传播方式一样。SARS病人咳嗽一下或打个喷嚏，会在周围空气中释放出数十万计的SARS病毒颗粒。由于SARS病毒在常温下可以存活1—2天，如果此后恰好有人经过那里，不知不觉中就会在呼吸时摄入病毒颗粒，这是非常可怕的传播方式。另外，SARS病毒落在物体表面也可以存活，因此医院的病床、公共电梯或饮水器的按钮等物体表面，均能成为接触传播的介质。这些也间接地解释了一些与SARS患者没有接触史的人可能染病的过程。SARS病毒还可以通过"粪口传播"的方式传播；比如，SARS患者在上厕所之后，没有洗手，他们就可能在之后触摸过的物体表面留下SARS病毒，其他人不小心也触摸同一物体，就可能会被感染。这些传播方式便是当年SARS疫情令人恐怖之处；它的社区传染性太强了，尤其是在机场、酒店、医院等公共场所，像死神一样传播，一时间使人毛骨悚然。我清晰地记得，2003年春夏之交，我原打算在这里5月初大学放暑假后，飞回北京参加《热河生物群》英文版最后的编辑工作。由于SARS疫情，我不得不更改行程，直到7月底才回到北京。2003年春天，平时热闹喧嚣的北京几乎像一座空城！

此外，在SARS病毒的传播方面，还有两个明显的特点曾引起流行病学家们的注意：1. 发现了"超级传染者"，即像那位去香港参加侄儿婚礼的广州医生一样（另一位超级传染者是那位加拿大老太太），一个人会感染很多很多人。根据SARS研究者的追踪发现，SARS疫情中的超级传染者，感染的患者可能多达200多人。迄今为止，科学家们尚未弄清楚，在相同环境条件下，为何有的人比其他人的传染性要高得多。2. SARS疫情中，医院的传染率似乎远远高于其他公共场所。一些科学家认为，严重和危重SARS患者的飞沫中的病毒量超大，而这些患者大多是在住院期间感染看护家属以及医护人员的。

对于上述两个特点多年来一直没有合理的解释，直到最近（2020年4月1日）《自然》杂志发表了一篇关于"新冠病毒（SARS-CoV-2）"的论文，让我感到其中或许包含答案所在。这篇论文来自德国科研团队，他们通过对COVID-19肺炎患者的咽部样品检测发现：新冠病毒能在上呼吸道（如鼻咽部）组织中进行活跃的复制，而且在患者症状不明显的时候就已达到了很高水平。等到患者出现症状之后，病毒RNA在上呼吸道的峰值（即最大数量值）甚至可能已经过去了。因此，新冠病毒与SARS病毒呈现出两种完全不同的病毒学特征：SARS病毒一般在出现症状的7—10天后（即接近重症之后），RNA水平才达到峰值。而新冠病毒似乎表现出"横空出世"的态势，在症状出现的5天之内，RNA水平就已达到了峰值。而且相对而言比SARS病毒的峰值高出1 000倍之多！读罢这篇论文，我认为SARS疫情中的超级传染者及住院的重症患者，极有可能都是在病毒RNA水平处于峰值时，感染了那么多人的。而最近的COVID-19肺炎患者，则是在处于无症状或轻症时，就已经成为潜在的超级传染者了。也就是说，许多人在没有明显症状的情况下，已经成了可怕的传染源了。这大概也是新近的"新冠病毒"似乎远比2002—2003年SARS病毒传染性更高、疫情蔓延更为迅速的原因之一吧。相比之下，SARS潜伏期短、致死率高则是影响其蔓延的重要原因。

第二，SARS病毒的致死率很高；在全球的8 000多SARS患者中，900多人丧生，死亡率高达10%以上。SARS患者被感染后，一般在2—7天之后会出现类似流感的症状；而在受感染到出现明显症状之间的这段时间，流行病学上称为"潜伏期"（最长潜伏期可长达10天）。SARS患者症状包括发烧、头痛、浑身乏力、发冷、肌肉酸痛、腹泻等；此后，病毒感染入侵呼吸系统，先是影响上呼吸道，症状包括干咳、呼吸急促；到后来病毒袭击肺部，引起急性肺炎，造成血液中缺氧，并迅速引起呼吸衰竭而致死。由于对冠状病毒无药可医，患者在呼吸困难时只能靠插管和上呼吸机来帮助呼吸，同时使用大量激素减少肺部肿大。因此，这类患者即便幸存下来，也会留下严重的后遗症。

第三，SARS患者中很多人在感染前，身体很健康，并没有基础病（即先存的慢性病，如心血管疾病、高血压、糖尿病等），因而在许多人看来，很多死者原来活蹦乱跳的，染上SARS之后，住院不久，说没就没了。这"怪病"太可怕啦！这也进一步加剧了人们的恐慌心理。

　　前面提到过，在与病毒长久的博弈中，人类逐渐进化出较强的免疫系统。人体免疫系统就像是一支卫队，保卫着人体免受细菌与病毒的侵害。而血液中的白细胞就像这支卫队中的巡逻兵。当病毒攻破人体细胞的层层防线、进入细胞内部之后，便劫持人体细胞的系统资源拼命地复制自己，并设法让新复制的病毒逃逸出去，去攻击邻近更多的健康人体细胞，进一步大规模地复制自己。如果不被及时制止的话，很快就会形成病毒的"百万大军"。然而，如果这种病毒以前曾经感染过人体的话，白细胞中极有可能已经产生过对付它们的"抗体"，而这种抗体会一直留在骨髓里。在这种情况下，免疫系统很快就能识别出这一似曾相识的"宿敌"，白细胞便会迅速"调集"大量抗体，来阻止病毒进一步扩散，可惜在大多数情况下，病毒很容易产生变异，使"巡逻兵"认不出来它们。在这种情况下，人体细胞常常会做出过激反应，迅速"调兵遣将"，调动更多的白细胞（包括巨型白细胞）上阵。我们在患流感时，常常会感到鼻塞及喉咙肿痛等症状，实际上就是体内调动白细胞而加速了血流，致使血管充血红肿产生炎症。其实，这是人体白细胞在猛烈攻击病毒的反映。大量的白细胞向被病毒感染的细胞聚集、企图围歼逃逸的病毒集群。为了万无一失，白细胞在发起"总攻"时，也会误伤自身的健康细胞。同时，那些健康细胞为了阻止病毒的扩散，也会不惜牺牲、奋勇参战，付出重大伤亡。在临床医学上，这种现象被称作"炎症风暴"；在分子水平上，则称为细胞因子风暴。由于在2002—2003年SARS疫情中，许多较为年轻的患者死于因较强的免疫系统过度反应（即过度免疫）而引起的炎症风暴，经过媒体的广泛报道之后，细胞因子风暴这一术语近些年来便为大家所熟知。下一节里，我们将详细介绍细胞因子风暴的概念、症状以及病理。

细胞因子风暴

首先，什么是细胞因子？细胞因子（cytokine）是细胞分泌的、担任细胞间"信使"角色的多种小分子蛋白的总称。细胞因子是免疫细胞通过自分泌（即自力更生、自产自用）、旁分泌（即生产出来供周围细胞使用）以及内分泌（即经血液循环供远处的细胞使用）方式，建立起来的分布全身的"通信系统"。一旦出现细菌或病毒的感染，细胞因子就会发出"警报"，召集别处的免疫细胞前去参战；而刚刚抵达、被激活了的免疫细胞又会释放出更多的细胞因子。此外，细胞因子还会引发炎症，使遭受破坏的机体发热、肿胀及疼痛。比如细菌感染的伤口的红肿、化脓以及感冒或流感引起的鼻塞、咽痛、发烧等症状，都是由于细胞因子引发免疫细胞参战、由免疫反应引起血管扩张以及局部组织细胞受损而产生的炎症。

那么，细胞因子风暴又是什么呢？细胞因子风暴又称细胞因子释放综合征，实际上是免疫系统对机体感染发生过度反应，并同时发出求助的信号。上面已经提到过，免疫系统的任务是保护机体免受侵害，其日常工作是消除感染、促进组织修复、维护机体的大环境处于稳定平衡状态。在正常情况下，免疫系统对细胞因子的释放，一般能够进行精确调控，使释放规模跟被侵害与受感染的程度基本上相匹配。然而，在大敌当前的时候，免疫系统并非总能合理用兵，可能会在短时间内集中火力以至于打破极限而失控，不仅猛烈攻击病毒，其释放的杀伤性物质也会损伤自身的健康细胞。此外，就像在

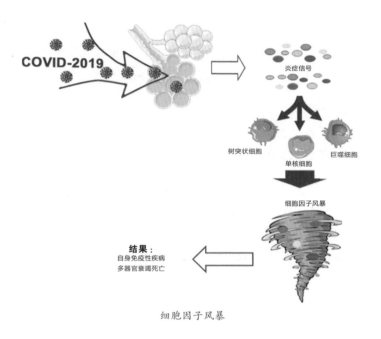

COVID-2019

炎症信号

树突状细胞　　单核细胞　　巨噬细胞

细胞因子风暴

结果：
自身免疫性疾病
多器官衰竭死亡

细胞因子风暴

作战双方杀红眼了的时候一样，免疫细胞也并不总是能够精准打击敌人，有时候会因为敌我不分而误伤了自身健康细胞，这种"杀敌一千自损八百"的极端免疫攻击，就称作细胞因子风暴。

细胞因子风暴这一名词，首次于1993年出现在专业学术期刊，经过2002—2003年SARS疫情，以及2005年

H5N1疫情而逐渐进入公众词汇。虽然上面提到的炎症并非新概念，风暴却是新概念。其实，轻度炎症就是炎症，而重度炎症就是风暴。总之，细胞因子风暴是人体免疫系统在抗击病毒时的过度免疫反应，这在冠状病毒引发的急性肺炎中十分常见。无论是在1918大流感、2002—2003年SARS疫情，还是在这次COVID-19疫情中，都屡见不鲜，常常表现为从轻症转向重症及危重症以至于最终导致死亡的一个重要转折点。在引发细胞因子风暴之后，患者从原先的发烧、咳嗽迅速转入呼吸困难，因为过量的免疫细胞及渗出的液体积聚在肺部、阻塞气道、破坏肺功能，导致患者严重缺氧、呼吸衰竭。细胞因子风暴还能造成其他器官损伤，尤其是引起心肌功能突然暂停，使患者因多器官衰竭而死亡。这正是那些患有高血压、糖尿病、肝病和心血管疾病等基础病的老年患者更容易死亡的主要原因。此外，原来身体健康的青壮年由于免疫力较强，或许更容易产生过度免疫而猝死，变成了自身强项的牺牲品。

细胞因子风暴不仅伤害内脏器官，而且会导致大脑受损。最近，《放射学》杂志一篇论文报道，一名COVID-19患者出现了精神错乱的症状；经脑部CT追踪病源，发现患者大脑部分区域肿胀，小面积脑细胞死亡。通过医生诊断，这是一种因新冠病毒感染导致的急性坏死性脑出血病。这类脑病通常与病毒感染有关，发病虽然罕见，但严重时可能致命。神经肌肉医学专家认为，这一病例可以用细胞因子风暴理论来解释：每当患者免疫系统对病毒反应过度时，大脑往往会因此发生损害。这是因为细胞因子除了增强免疫功能外，还可能导致小血管渗漏，如果含量过多就会导致包括大脑在内的许多器官的小出血。流感等几种病毒感染都可能引发这种罕见的脑病，此病例可能发生了颅内的细胞因子风暴，导致大脑血脑屏障崩溃，病毒直接入侵大脑。

2002—2003 年非典事件的经验与教训

关于 SARS，英国学者马克·霍尼斯鲍姆在《人类大瘟疫》一书中写道：据估计，SARS 在全球范围内造成了 500 亿美元的经济损失。仅在加拿大的多伦多和温哥华，SARS 共导致 250 人感染、44 人死亡。与每年死于癌症和慢性肺部感染的人数相比，这其实不算多。但从心理和经济方面看，SARS影响甚巨。

全球范围内，2002—2003年的SARS疫情从2002年11月最初发现，到2003年7月基本结束，前后持续了8个多月。在各国政府、科学家、医护人员以及人民群众的通力合作下，疫情较为迅速地得到了控制，没有造成历史上瘟疫大流行那样的惨烈后果，有许多经验教训可以汲取。

这次人类战胜病毒的成功，首先是进化生物学和遗传基因组学等领域科学进展的胜利。中国、欧美和澳大利亚几个实验室的科学家紧密协作，只用了不到一个月的时间，不仅发现了SARS病毒的类型和性质，而且连它的基因序列都测出来了。这给疫情的及时监控，提供了宝贵的科学指导。当然，这离不开各国科学家之间保持信息透明与共享以及有效的合作。各国科学家在SARS病毒"大敌当前"时，把科学求真和人道主义放在通常的"国家利益""同行竞争"等本位主义之上，并将前沿科学与有效沟通结合了起来。

其次，这也是国际组织以及各国政府、科学家、医护人员乃至公众之间的协调、合作以及配合的成功范例。尽管在疫情出现初期，人们没来得及反应。但疫情暴发之后，各方面的反应都是相当迅速的。世界卫生组织及时发出全球SARS疫情警报，并每日更新。出现疫情的各个国家迅速推出隔离和防治措施。根据SARS病毒的传染性和传播特点，及时发布旅行预警，隔离和救治SARS患者，指导民众采取防护措施（如保持社交距离、测量体温、戴口罩、勤洗手、公共场所定期消毒等）。

尽管2002—2003年SARS疫情"来也匆匆，去也匆匆"，但又一次给大家敲响了警钟：类似的病毒引发SARS疫情是多么可怕，SARS的卷土重来或是变异了的病毒引发的人畜共通传染病（即来源于动物而传染给人类的传染病），随时都可能发生；倘若防控不力，蔓延成为1918大流感那样的流行瘟疫，是完全可能的。正因为如此，在其后的15年间，中国又经历过好几次禽流感，世界各地也先后经历过中东呼吸综合征（MERS）、寨卡（Zika），以及好几次埃博拉（Ebola）疫情。所幸根据2002—2003年SARS疫情中取得的经验教训，各国比较及时地携手应对，使它们没有蔓延开来。

不过，在英国皇家学会对SARS的一次事后分析中，帝国理工学院校长、著名流行病学家罗伊·安德森写道，虽然世界卫生组织对SARS的处理使人们重拾信心，但这次只是侥幸。由于SARS传染性相对较低，加之中国和其他亚洲国家能够采取相当严厉的公共卫生措施，如家庭隔离和大规模隔离检疫，方得以避免灾难。他预测，这类公共卫生措施在北美会遇到更大阻力，那里的人们往往更爱诉诸法律，西欧也是类似。仰仗于执行大规模隔离检疫和修建新的治疗机构（中国人几乎在一夜之间完成了这一壮举），SARS才没有酿成大祸。

新冠肺炎进行时

2019年底，在中国中南部的枢纽城市——武汉，很多人突然患上了一种原因不明的急性肺炎，疫情迅速扩散，短时间内致使2 000多人丧生。病毒似乎特别会选择"战机"，此时又是岁末年初，一年一度全国人口大流动的春运即将来临。面临疫情的汹汹来势，中国政府很快做出果断决定，对1 000多万人口的大都市武汉实行"封城"，以阻止疫情蔓延。不久，世界卫生组织将这一疫情列为国际关注的突发公共卫生事件，并将这一新冠病毒命名为SARS-CoV-2，由它引发的疾病定名为COVID-

19肺炎。

　　上面的新冠病毒英文命名显示，这是一种与SARS非常相近的冠状病毒。在已知的7种人传人冠状病毒中，有4种会引起轻微感冒症状，另外3种可能致命，即SARS、MERS和新冠（SARS-CoV-2）。为什么叫它新冠病毒呢？称它为新型冠状病毒，不仅因为它是感染人类的新病毒，还因为它是一种人类以前从未见过的冠状病毒，即在动物身上也未曾见过。人类的免疫系统已经演化了200万年左右（倘若算上我们的脊椎动物远祖的话，这一时间则更长），但由于我们的身体从来没有遭遇过这种病毒，我们体内还没有建立起对付它的免疫功能。正是由

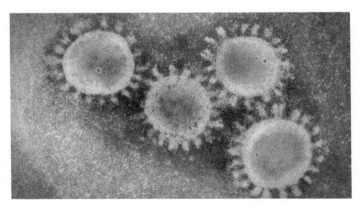

电子显微镜下的新冠病毒

于我们缺乏对它的免疫力，加上它的高度传染性和相对
致命性，新冠病毒才如此地令人不安。跟SARS类似，新
冠病毒也是通过呼吸、接触、粪口等方式传染的，也同
样引发急性肺炎。但它与SARS病毒又有很大不同。主要
表现在以下四个方面：

    1. 首先，很多感染了新冠病毒的人，在较
长一段时间内，没有任何症状，也就是说潜伏
期较长，而在潜伏期期间，患者在一无所知的
情况下，感染了其他人。相比起来，SARS的潜
伏期较短，几天之后就会出现症状，而且只在
出现症状后，才会传染别人。因而，新冠病毒
似乎比SARS更"狡猾"，传染性更高、更加危
险、更令人恐慌。

    2. 其次，80%的情况下，COVID-19患者只
表现出轻微的感冒症状，因而会误认为是普通感
冒，故不会自动隔离，继续在不知情的情况下传
染他人。同样，这是它比SARS更容易让患者忽
视的地方，给防控带来很大的困难。

    3. 再次，COVID-19的症状大多与流感症

状相似，在疫情出现初期，许多患者误以为是流感，压根儿就没有想到是COVID-19，因而延误了治疗的最佳时段。

4. 最后也是最重要的，COVID-19早期阶段病毒集中在鼻咽部，引起上呼吸道感染，亿万个病毒颗粒通过飞沫传染给他人。而SARS则是在症状爆发、住院之后，才进入高传染期。这可能是COVID-19比SARS更具传染力的关键之处。

总之，病毒在与人类的博弈中，不断地演化，变得越来越令人难以捉摸、难以对付。尽管如此，自这次疫情开始以来，人们也还是对其有了进一步的认识。当然，也还有许多未知的领域等待我们继续探索。现代生物学、流行病学、医学以及通信等领域的迅速进展，使我们在新冠病毒露头不久，就测出了它的基因序列；国际社会几乎可以同步行动、迅速做出最高级别的疫情防控；科学家们在紧急地研发药物和疫苗。这些在1918大流感以及历史上其他瘟疫流行时，都是难以想象的。

尽管全球COVID-19疫情还在进行时之中，根据专家们目前预测，新冠病毒极有可能像流感病毒那样，将会与我们长期共存，而不会像SARS和MERS那样"挥一挥手不留下一片云彩"般离去。显然，大家会问："下一次会是什么样子呢？"但这很难回答，因为病毒变异很快，因而每次的情况都不尽相同。病毒株不同，疫情严重程度每次也都因时因地而异。尽管如此，流行病学家们还是可以设计出数学模型来预测某一特定疫情走向的。自COVID-19疫情以来，我们已经了解了不少这方面的新名词和新概念。现在让我们简单地总结如下：

研究疟疾的流行病学家雷纳德·罗斯曾用数学模型展示，如何把蚊子种群控制到一个临界点之下，便可终止疫情。换句话说，控制疟疾疫情并不需要消灭所有的蚊子；同样，控制其他传染病疫情，也并不需要治愈所有患者。这个临界点大概就是我们现在耳熟能详的"拐点"吧。罗斯后来将其总结为"感染力理论"，不仅可以用于传染病疫情防控，也可用于政治（比如舆情防控）、经济（比如股市预测）、社会（比如美国枪支暴力管控）等各个方面。其中的奥秘，也就是说"为何事情蔓延，为何又消停"，我们必须得搞清楚。具体来说，传染是如何发源与迅速蔓延的？如何预测和度量爆发力？是什么原因造成流行高峰？又是什么原因令疫情结束？通过回答上述一系列问题，过去的流行病疫情资料便有助于建立预测未来疫情的数学模型。

最近的COVID-19疫情，还让我们了解了流行病学中的几个重要而有趣的基本概念。一是"群体免疫"，比如一栋公寓楼里住有100个房客，病毒感染了其中15—20个易感者（如儿童、老人、基础病患者以及未注射疫苗的人）后，其余房客被感染的概率就会明显下降，这批人就成了病毒不易攻克的群体。随着群体数量的减少，病毒的目标感染对象也变少，病毒的传染性自然也就随之降低。

另一个概念是"基本传染数"（R0），代表一个携病毒者在特定群体中可能传染其他人的平均数值。R0值如果小于1的话，传染性就会逐渐减弱并消失。一般说来，流感的R0值在2左右，而麻疹的基本传染数R0值可高达20！因此，若想达到群体免疫效应，注射麻疹疫苗率须高达95%才行。所谓"超级传染者"，是指能传染很多人的患者（即R0值特别高）；是流行病防控中最需要追踪和隔离的人。换言之，瘟疫流行法则，跟搞传销以及微博或微信转发差不多，R0值越大，滚雪球效应也越大。

因为病毒仅由遗传物质（即核酸）与外面的蛋白质保护壳两部分组成，所以它必须寄居在其他生物宿主细胞内才能自行复制与繁殖。切断病毒的传染链，是控制疫情蔓延的"釜底抽薪"之举，这就是此次武汉断然采取封城以及其他严厉隔离措施的科学依据。

总而言之，病毒与人类之间的"亲密"关系源远流长，自人类起源以来，流行病与我们如影随形。我们不应有彻底摆脱它们的奢望，必须做好与它们长期共存的心理准备。就在你阅读本书期间，世界上大约会有300人死于疟疾、500多人死于艾滋病、大约80人死于麻疹（其中大多是儿童）……更值得指出的是，近些年来全球化带来的人群与动物的频繁迁徙、错综复杂的全球性人类食品链、日益逼仄的野生动物生存空间等因素，均为瘟疫的滋生提供了前所未有的便利条件。流行病将不再是人们惯常想象中的"偶发事件"，而会像冬去春来的季节更替一样，悄无声息地"如期而至"；正可谓"林花谢了春红，太匆匆。无奈朝来寒雨晚来风"。

第五章

HIV 和令人谈之色变的艾滋病

HIV 病毒和艾滋病的发现

至此为止，我们前面介绍的都是流感病毒和冠状病毒。流感病毒和冠状病毒并非仅有的引起全球性瘟疫大流行的病毒。病毒的种类很多，在过去几十年里，人类免疫缺陷病毒（HIV）最初鲜为人知，到如今早已引发了肆虐全球、令人谈之色变的大流行瘟疫。由于病毒复制和传播的速度惊人，因而在生物演化过程中，扮演着极其重要的角色。在众多种类的病毒中，最具重要演化意义的病毒要数逆转录病毒了，而其中最有名的就是人类免疫缺陷病毒。人类免疫缺陷病毒引起的疾病，被称作获得性免疫缺陷综合征（AIDS），简称艾滋病。

正像我们前面介绍过的几种病毒的故事一样，每一种新病毒在人类身上引发新的"怪病"之初，都如同发生了一起新的凶杀案，会立即引起医学家与病毒学家的高度重视。他们像福尔摩斯神探那样，想方设法地尽快破案；几乎每一次破案的经过，都艰难曲折，甚至于惊心动魄。破解艾滋病之谜，自然也不例外；而且其中一个关键人物，还是炎黄子孙。他的名字叫何大一，由于他在艾滋病研究中做出的杰出贡献，何大一曾被《时

代》周刊评为 1996 年年度风云人物，并受到如下的高度
评价：

> 有人制造新闻，有人创造历史，而当后世
> 撰写这个时代的历史时，会把人类在对抗艾滋病
> 之战中扭转乾坤的人，视作真正的英雄。

故事回到 1981 年，那年何大一才 28 岁，正在洛杉矶
一家医疗中心当实习医生。有一天，他发现了一个非常
奇怪的病例。这位年轻病人因呼吸困难来求医；按照常
规，何大一让他做了一系列的检查，结果发现病人肺部
有很多卡式肺囊虫；这一发现令这位实习医生十分吃惊，
因为通常只有在免疫力低下的小孩体内才会有这种肺囊
虫。此外，在病人肠道中，还同时发现了大量巨细胞病
毒，这也表明病人的免疫系统有缺陷，很可能是受到了
重大损伤。然而，这是如何引起的呢？何大一不得而知，
查找医学文献，也无类似病例记载。他只好给病人开一
些增强免疫力的药物。但这些药物对抑制病情毫无作用，
病人很快转入病危、死亡。

此后不久，何大一又接触了几例类似病例，均为原

本身体强健的年轻小伙子，发病后短期内病情急速恶化，出现淋巴结肿大、皮肤腐烂、腹泻、失明、呼吸困难等症状，痛苦至极，并很快死亡了。何大一发现了患者的一些共同点：他们均为男同性恋者或是共用针管的吸毒者。此时，何大一开始意识到，这可能是一种威胁人类的新型传染病问世了！

同年（1981年），美国一共报道了5例临床病例，这开始引起美国疾控中心的重视。何大一在实习结束后，改变了原来打算去麻省总医院工作的计划，决定留下来继续研究这一"怪病"。

鉴于该病无药物可治，又具有传染性，他很快觉得这可能是一种新型病毒引起的疾病。由于他不是病毒学家，一时弄不清楚究竟是什么病毒在作怪。与此同时，美国疾控中心也紧急组织专家开展研究。在1982年7月的一次学术会议上，大家总算给这一疾病定下了正式的名称——艾滋病（AIDS）。同年9月，美国疾控中心开始正式使用这一新名词。1983年，法国和美国的两个科学家团队，几乎同时从艾滋病患者身上分离出HIV病毒，并在当年同一期《科学》杂志上发表了他们的这一新发现；尽管当时各自命名的名称不同，但很快被证明是同一种逆转录病毒。1986年，这一病毒被更名为人类免疫缺陷病毒（HIV）。当然，接下来便是更精彩的追寻HIV病毒源头的研究工作了。

HIV病毒和艾滋病的起源

寻找未知病原病毒的源头（即病毒溯源工作），就像我们前面介绍的破解流感和SARS之谜一样，历来都是一项非常复杂和艰难的工作。而且跟刑事侦探一样，其间存在着各种扑朔迷离、难以确定的杂乱线索，似乎故意要把你引向歧路似的。长期以来，在病毒溯源过程中，基于科学举证找寻病原体一般要满足"科赫法则"（即证病律）的严格要求，从而建立病毒（或者细菌或寄生虫）与疾病之间的因果关系。这跟法庭要对刑事举证进行严格审定，是大同小异的。

"科赫法则"包括四个基本要素：（1）在每一病例中都出现相同的病毒（或细菌、微生物），且在健康者体内不存在；（2）从宿主身上能够分离出这样的病毒（或细菌、微生物），并在培养基中得到其纯培养物；（3）用这种病毒（或细菌、微生物）的纯培养物接种健康而敏感的宿主，同样的疾病会重复发生；（4）从试验发病的宿主身上，可再次分离得到这种病毒（或细菌、微生物）。

即便能够按照上述原则找到了病原体，仍然不能下定论。接着还得确定究竟是哪一种动物最先被感染（即寻找天然宿主），进而找到病毒是如何跨物种传播到人的，也就是寻找可能的中间宿主以及人际传播的途径、过程和机制。相当于在刑事侦破中，最后一定要找到"实锤"铁证（smoking gun）。由此可见，病毒溯源工作是个多么复杂与耗时的过程。所幸目前通过分子生物学手段，如血清转化和基因测序技术，可以加速对疑似病原验明正身的过程。因此，病毒溯源的全过程，需要依据机体生物学和分子生物学两个领域所获取的信息证据，经过相互印证比对，方可做出定论。事实上，科学家们对艾滋病所做的病毒溯源工作，堪称一个经典范例。

科学家们最初是从跟HIV病毒系统关系上最为相近的SIV病毒着手研究的；SIV病毒全称是猴免疫缺陷病毒，发现于非洲许多非人类灵长动物（各种猴类和猿类）身上。被SIV病毒感染的黑猩猩，跟人类感染HIV病毒后罹患艾滋病类似，也会引发免疫能力下降乃至于崩溃的各种感染性疾病。因此，科学家们推测，SIV病毒很可能就是HIV病毒的前体病毒。由于人类祖先跟黑猩猩等猿类在大约500万年前就"分道扬镳"了，那么，这就意味着病毒从黑猩猩等猿类到人类之间的传播，属于跨物种传播。

病毒的跨物种传播，原本是要逾越很多障碍的。然而，下述几个条件，却给SIV病毒向HIV病毒的进化以及从黑猩猩等猿类往人类的传播，提供了"得天独厚"的机遇。

首先，SIV病毒和HIV病毒这类RNA逆转录病毒，极易发生变异，也就意味着进化的速度极快。据一些遗传学家估算，RNA病毒的进化速度比人类DNA的进化速度高出大约100万倍，如此快的演化速度给了此类病毒极为强大的适应性，使其完成物种间的跨越传播"易如反掌"。

从类人猿演化到人类经历了长达500多万年的漫长历程，而这类逆转录病毒只用了大约100年，就完成了从黑猩猩身上到人体的完美适应。遗传学家们发现，由于HIV的"分子钟"运转速度异常迅速，所有的HIV基因组都来自100多年前的一个共同祖先；因此，HIV流行很可能是从20世纪20年代开始的。

其次，野外生物学家先是在西非中部的黑猩猩身上发现了SIV病毒，这一病毒可能经由狩猎黑猩猩和食用黑猩猩肉的土著人传播。SIV病毒一般是较弱的，通常人体的免疫系统对付它是毫无问题的，不会造成什么大碍。据推测，可能经过人际间较为广泛的传播，才有足够的时间和机会使SIV病毒变异成为HIV病毒。而这在人数较少并且"与世隔绝"的土著人小部落里是很难完成的。

科学家们进一步研究发现，这一物种间传播可能始于1910年前后，这一时间点是遗传学家根据测算HIV病毒最近共同祖先的节点推算出来的。无独有偶，这一时间点刚好与殖民主义在西非扩张的时间相吻合。正是此时，西非一些殖民地国家开始了都市化进程，大量人口拥向城市，寻找工作机会。比如，那时刚果还是比利时殖民地，首都金沙萨成了年轻男子的淘金圣地。他们正处于性生活旺盛阶段，而HIV病毒主要传播途径是性传播。20世纪初的西非都市是以娼妓多而著名的，据社会学家统计，1928年金沙萨有高达45%的女性居民沦为性工作者。在这种情况下，HIV病毒的传播遂成了野马脱缰之势。

另一传染途径可能是通过血液传染。殖民者们把注射疫苗（尤其是预防疟疾的疫苗）引进了非洲国家，但当地的医院缺乏对注射器针管进行严格消毒的程序，以至于同一个针管反复使用，造成了HIV病毒通过血液的大规模交叉感染。

因此，到了20世纪60年代，HIV病毒在非洲的暴发，已形成了一场"完美的风暴"。而恰巧在此时，刚果宣布独立。联合国向全球招聘会说法语的专家与技术人员，帮助填补比利时人离开后留下的行政管理和技术岗位空缺。其中来自拉丁美洲国家海地的多达4 500人，成为应聘人士中为数第二大的群体。《艾滋病的起源》作者认为，美国的艾滋病就是20世纪60年代通过海地人传入的。尽管HIV病毒可能早在1966年就已进入美国，但美国最初的所有艾滋病病例都能追溯到同一位海地人患者，因而据信是此人在1969年将艾滋病带入了美国。到了1978年，仅在纽约与旧金山两地，受感染者就多达数千人了。这跟当年这两个大城市引领了性解放运动、静脉注射吸毒以及同性恋等潮流，是密切相关的。

"特洛伊木马病毒"

跟流感病毒与冠状病毒相比，HIV病毒有许多独特之处；最为独特的地方，就是HIV病毒的潜伏期很长。就像《潜伏者》里的特工一样，它可以长年累月地处于近乎"冬眠"的状态，在未被"唤醒"之前，只是时而复制少数几个病毒，并不杀死任何宿主细胞，只是"钝刀子割肉"式地逐步破坏宿主的免疫系统。然而，由于潜伏在细胞之内，并掌握了"核心机密"——宿主的细胞遗传信息，HIV病毒可以随时把宿主变成制造病毒的工厂，通过挟持宿主细胞，像复印机一样大量复制自己。最快的时候，每个HIV病毒一天之内便能够复制超过1.6亿个新病毒！这些病毒能够在短期内发起猛烈进攻，一举彻底摧毁宿主的免疫系统，迅速将宿主置于死地。鉴于HIV病毒的这种潜伏性、狡猾性及危害性，有的分子生物学家将其戏称为"特洛伊木马病毒"。

因为HIV病毒具有上述特性，它所引发的艾滋病在临床上一般可分为四个阶段：

1. HIV的急性感染期：在此期间，大部分感染者不会出现明显症状，但也有部分感染者出现类似流感的轻微症状。HIV急性感染期之后，大部分病毒被人体免疫系统歼灭，通常宿主的免疫细胞数量，几乎能够恢复到被感染前的正常水平。但是，HIV病毒通过高频率的突变，最后能逃过免疫系统的追杀，转为潜伏状态。艾滋病也就转入下一阶段——潜伏期。

2. HIV的潜伏期：这一阶段的感染者依然没有明显症状。艾滋病的潜伏期介于几个月到20年之间；据统计，艾滋病平均潜伏期大约10年左右。在这一阶段的早期，HIV病毒通常藏身于淋巴结内，"润物细无声"一般地"蚕食"宿主的免疫细胞。因而，到了这一阶段的后期，除了HIV病毒含量大增之外，宿主的免疫细胞数量也随之大减，HIV感染者的免疫系统濒临被摧毁的边缘，艾滋病旋即进入了症状期。

3. HIV症状期：在这一阶段，病人身上除了出现腹股沟淋巴结肿大之外，全身其他部位也会出现多处不明原因的淋巴结肿大，并持续3个月以上。同时，病人开始出现全身症状，比如发烧、疲劳、肌肉痛或关节痛、食欲不振、体重下降、腹泻、口腔溃疡、皮疹、睡眠时冒汗等。之后，一部分患者维持在这种状态，而另一部分患者则发展为严重的艾滋病。后者便进入了最后一个阶段。

4. 典型AIDS发病期：这一阶段突出表现为致病性感染，免疫力越来越差，患者开始出现艾滋病并发症，其中包括原虫、真菌、病毒、细菌感染等引起的肺囊虫肺炎、结核病等并发症以及恶性肿瘤。由于这一阶段的患者免疫系统业已崩溃，任何感染以及恶性肿瘤都会将患者置于死地。

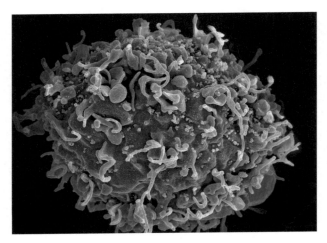

人类T细胞（蓝色）正在受HIV病毒（黄色）攻击
©Seth Pincus, Elizabeth Fischer, Austin Athman/National Institute of Allergy and Infectious Diseases/NIH via AP

在临床上，一般将上述四个阶段病程的患者分为两大类：处于急性感染期与潜伏期的感染者被称为"HIV携带者"，而进入症状期和发病期的患者才被称为"艾滋病人"。

另外，HIV病毒在宿主细胞外存活的时间以及传播方式，也与流感病毒与冠状病毒大相径庭。HIV病毒暴露在空气中后会在几秒钟到几分钟之内全部死亡。艾滋病的主要传播方式包括血液传播、母婴传播，以及性传播。一般情况下，接吻不会感染HIV病毒。

逆转录病毒

我们在前面提到过，引发艾滋病的HIV病毒是一种逆转录病毒。那么，究竟什么是逆转录病毒呢？现代遗传学的基础知识告诉我们，DNA是生物遗传的主要物质基础。生物体的遗传特征是以遗传密码的形式，编码在DNA分子上（具体表现在DNA双螺旋结构上特定的核苷酸排列顺序），并且通过DNA的复制，把遗传信息由亲代传递给子代。在后代的个体发育过程中，遗传信息由DNA转录给RNA，然后通过信使核糖核酸（mRNA）

翻译合成为特异的蛋白质，以执行生物体的各项生命功能。正因为如此，后代才会表现出与亲代相似的遗传性状，即"龙生龙，凤生凤"，这也正是生物遗传的强大力量。20世纪50年代末，上述蛋白质合成的过程被确立为遗传学的"中心法则"。

随着科学研究的进展，科学家们后来却发现：并非所有的RNA都是在DNA模板上复制的。比如，很多病毒并没有双螺旋DNA结构，而只有单链的RNA或其片段作为其遗传物质。当这些病毒侵入宿主细胞后，即能在RNA复制酶的作用下，疯狂地进行自我复制。此外，一些真核细胞里原有的信使核糖核酸（mRNA）也能在复制酶的作用下复制自己。

当分子生物学家1970年首次发现这种现象时，即：不仅DNA可以进行自我复制，RNA也具有自我复制的功能，那几乎是分子生物学领域石破天惊的大事！这是因为它动摇了遗传学原有的核心信条：基因编码是DNA→RNA→蛋白质的单行道。同时，科学家们还找到了鼠白血病病毒中含有的一种能使遗传信息从单链病毒RNA转录到DNA上去的生物催化剂——逆转录酶（即上面所提到的"RNA复制酶"）。因此，遗传学家把这种现象称作逆转录现象；同时，相应地把这类 RNA 病毒称作逆转录病毒。其实，当年中国生物学家童第周先生在用核酸诱导产生单尾鳍金鱼的实验中，也发现了真核细胞中存在着逆转录现象。他的这一发现，原本是可以获得诺贝尔奖的，但由于历史原因，却与诺贝尔奖失之交臂。无论如何，上述的一系列科学发现，极大地丰富了我们对 DNA、RNA 和蛋白质三者之间相互关系的认知；使遗传学家们更加深入地理解了遗传信息传递方式的多样性。在此基础上，他们进一步修改和完善了原来的遗传学"中心法则"，使其更具普适性。

HIV 病毒是如何攻击宿主的？

不同病毒有着不同数量和类型的遗传物质，而遗传物质的类型决定了病毒如何在宿主细胞里进行自我复制。由于 HIV 病毒是一种逆转录病毒，由单链 RNA 组成，因而它的复制过程比 DNA 病毒复杂得多，步骤也更多，产生错误（即变异或突变）的机会自然也多得多。加之 RNA 逆转录病毒与 DNA 病毒不同，一般自身缺乏纠错功能，因此 RNA 逆转录病毒变异很多很快，这就意味着它的进化速度很快。其中有些错误（即变异或突变）可能使复制的新病毒毒性减弱，而另一些错误（即变异或突变）则可能使复制的新病毒毒性增强。这些不确定性，使逆转录病毒相比起来更难对付；如此多的变异（或突变）和如此快的进化速度，使针对它们的药物和疫苗研究难上加难，甚至于根本不可能成功。

有些病毒在攻击宿主细胞时，有很强的选择性；另外一些病毒的选择性则不太强。如同玩拼图游戏一样，病毒要选择宿主细胞的合适部位进行攻击，才能让自己"拼接"到宿主细胞上去。病毒外壳的蛋白质必须找准宿主细胞表面的蛋白质或糖作为袭击目标，就像拿着一把钥匙到处去寻找锁孔一样。比如，HIV病毒表面的蛋白质叫作包膜糖蛋白GP120，能够粘上宿主细胞表面的蛋白质；一旦粘住之后，就像钥匙打开了锁一样，HIV病毒立即将自己的遗传物质注入宿主细胞内。

HIV病毒自身的蛋白质很有限，它得依靠宿主细胞的蛋白质替它合成新的蛋白质（包括包膜糖蛋白GP120）以及复制它的遗传物质，并且"挟天子以令诸侯"般地调控蛋白质合成与遗传物质复制的全过程；至此，宿主细胞的生理功能完全被病毒所掌控——被感染的细胞变成了新病毒制造厂。从HIV病毒粘上宿主细胞表面的蛋白质、开始释放其遗传物质，到完全掌控宿主细胞的生理功能，整个过程只需要1—2天的时间——这也就是HIV病毒的急性感染期。

　　HIV病毒之所以在演化意义上是很成功的病毒，主要是因为它具有下列三大特点：

　　1. 潜伏期较长：病毒的潜伏期长短差别很大，比如前面讨论过的SARS病毒的潜伏期就很短，但疱疹病毒的潜伏期则很长；因而，人群中高达百分之九十几的人携带疱疹病毒，却很少有人被疱疹暴发所困扰。大多数人在年轻时感染上疱疹病毒，最初可能会有极其轻微的流感症状，其后大半生甚至于终身都与疱疹病毒"和平共处"、相安无事；极少数人步入老年期之后，身上会出现疱疹——一种十分痛苦的体验。同样，最初感染上HIV病毒时，受感染者也没有什么明显的症状，1—2天之后便进入很长的潜伏期；HIV病毒钻进"敌人"（宿主）的"心脏"，长期潜伏，不容易被发现，默默地造成和积累对宿主的伤害，而不是大张旗鼓地"歼敌于一役"。因此，HIV病毒不动声色地感染人类长达半个世纪，几乎无人知道它的存在。但从20世纪80年代初被人们发现到如今，不到40年期间内，全球已有7 000多万人被它感染，累积3 000多万人死于艾滋病相关疾病。

2. 攻击对象精准：HIV病毒的成功在于它采取了"一剑封喉"的策略，攻击对象是宿主免疫系统的CD4 T-cell（白血球淋巴细胞）。白血球淋巴细胞在免疫系统中起着至关重要的作用，它如同篮球场上的控球后卫一样，是一支球队的"灵魂"。虽然在一般情况下HIV病毒仅仅感染百分之几的淋巴细胞，但在显微镜下观察，似乎所有的免疫细胞都失去了战斗力。这就像出色的控球后卫受伤或被罚出场之后，一支球队的战斗力立马显著下降一样。

3. 变异极快：由于逆转录病毒的变异性极高，HIV病毒不断地改变病毒粒子表面蛋白质的氨基酸顺序，就像川剧中的"变脸"把戏一样，使宿主免疫系统难以辨认它们，因而也无法清除它们。这就是为什么绝大多数艾滋病患者终身无法完全摆脱HIV病毒，什么治疗也没有用。只要被感染上了，它就跟你"终身为伴，不离不弃"——这正是HIV病毒的可怕之处。

HIV病毒这种狡猾的、机会主义式的感染方式，长期削弱和摧毁宿主的免疫系统，最后将感染者推向最后的艾滋病发病期。迄今为止，由于HIV病毒在宿主体内复制蔓延时，经常地发生突变、改头换面，其结构和功能不断地产生变化，以至于所有的药物都只能针对其变异前的特性，而对变异后的新病毒无法产生作用。全世界科学家们至今尚无法研制出有效的疫苗或药物，因此无法将艾滋病根除。

1996年，又是何大一领导的团队发明了一种混合疗法（antiretroviral therapy，即"抗逆转录病毒疗法"，简称为ART），并大获成功。为了对付HIV病毒的高频率突变，新疗法同时使用3—4种抗逆转录病毒药物，每一种药物在HIV病毒繁殖周期的不同节点上，分别发挥作用，有效地抑制了病毒复制，并控制住病情。

由于这种疗法类似于鸡尾酒的混合调配方式，何大一将其命名为"鸡尾酒疗法"。10多年来的临床验证显示，一般经过几周治疗之后，多数病人的病情出现明显好转，持久低烧和皮肤溃疡症状逐渐消失，白血球淋巴细胞趋于正常，有的患者血液中甚至不再检测出HIV病毒。比如，美国篮球巨星埃尔文·约翰逊，1991年感染HIV病毒，接受鸡尾酒疗法治疗以来，20多年过去了，他仍然能像正常人一样生活。

因此，目前鸡尾酒疗法被公认为治疗艾滋病的最有效手段，但依然还不能称之为"神药"。因为这一疗法还存在许多不足之处：

1. 患者需要长年服药，不能间断；长期服用会产生抗药性。

2. 药物的毒副作用会给患者带来不同程度的影响，对有些患者的副作用甚至会很严重。

3. 发达国家与发展中国家的患者，在经济上能够承受这种疗法的能力也大相径庭。

4. 鸡尾酒疗法无法治本，因此，它无法从源头上预防艾滋病的蔓延。人类与传染性流行病长期斗争的经验表明，对抗传染病的最有效方法

是提前预防，即研发出疫苗。然而，由于 HIV 病
毒的高频率突变，疫苗研发很难跟上它的突变步
伐，至今还令科学家们束手无策。

总之，病毒与宿主之间存在着一种"相爱相杀"的协同
进化关系。HIV 病毒的许多特性，较好地维系了这种关
系。我相信，目前的新冠病毒在演化过程中，也会逐渐
地适应这种关系，步流感以及 HIV 等病毒后尘，与人类
长期共存。毕竟病毒只是"基因寄生虫"，得依靠宿主生
存，如果病毒把宿主消灭干净的话，那么"皮之不存毛
将焉附"？

第六章
病毒与生命起源及演化

病毒与生命起源

病毒在生命演化中扮演的重要角色，可以追溯到生命起源之初。当今世界上存在的病毒可谓形形色色、五花八门，其多样性恰好反映了从RNA世界向DNA—蛋白质世界的演化全景图。据科学家们推测，最早出现在地球上的自我复制与演化的实体，可能是核酶，又称作核酸类酶（即酶RNA或类酶RNA）；这是一些具有催化特定生物化学反应功能的RNA分子，类似于蛋白质中的酶。换句话说，核酶是具有催化活性的RNA，有些类似于类病毒。类病毒是一种具有传染性的单链RNA病原体，不但比病毒还小，而且没有蛋白质外壳。然而，它们已经满足了生命的几项标准，例如变异、演化与"繁殖"（即遗传物质的自我复制）；正如前面已经提到的，RNA至今还在影响着生物体的基因表达。因此，尽管它们还缺乏蛋白质编码功能，在演化出基因编码和蛋白质酶之前，生命起源于非编码RNA依然是可能的。非编码RNA中的一部分，很可能是已经逝去的RNA世界遗留下来的"活化石"，即便是在今天，非编码RNA在我们DNA生命世界中仍然举足轻重。鉴于此，科学家们认为，病毒实际上已经代表了最简单的生命构成，在某种意义上说，它们即是靠宿主细胞生存的基因"寄生虫"。

一部分科学家把病毒的起源和演化过程，跟早期的自养细菌演化成寄生虫或内共生体做了如下类比：一如好氧性细菌演化成了真核生物中的线粒体，蓝藻演化成了植物细胞中的叶绿体（同时，它们在这一演化过程中，失去了许多基因），病毒也是如此地演化成了宿主细胞内的"寄生虫"。此外，巨型病毒的发现，使生物与非生物之间的界限，变得愈加模糊。巨型病毒已经具有了生物细胞的一些标志性元素：比如转运核糖核酸和氨基酸转移酶；这些都是合成蛋白质所必需的元素，而这些元素在其他病毒里是不存在的。换句话说，巨型病毒离细胞生物仅"一步之遥"。这一发现在这部分科学家看来，充分显示了生物与非生物之间其实是一个演化连续体。在起源之初，很难说是"非此即彼"；因而病毒很可能代表了生命的早期形式。这一观点跟"无中生有"的中国古代哲学思想，真是不谋而合！无独有偶，早在1986年，DNA双螺旋结构的发现者之一弗兰西斯·克里克爵士就曾指出，倘若整个世界是由RNA构成的，他一点儿也不会感到吃惊。

更有意思的是，曾有位科学家做过一个"简化"病毒元件的有趣实验，通过减小病毒的大小、降低其复制速度、丢失其遗传信息等，相当于对病毒进行进化的逆转。这一实验显示，病毒可能是生命演化的主要驱动力。他认为，倘若地球遇上前所未有的生物大灭绝，病毒以及微生物将可能是我们星球上最成功的幸存者。也许大灾大难之后，地球上的生物多样性可以通过它们得以重启和恢复。这位科学家的名字叫斯皮格曼，他的实验被科学家同行们戏称为"斯皮格曼怪物"。

总之，病毒对宿主的适应能力真是匪夷所思，由于它们在演化过程中，能够高频率地发生基因突变，经常丢失或获得基因，甚至能与另一种病毒进行基因重组，因而病毒成了生命起源和演化不可或缺的强力推手。

病毒与宿主间的共生关系

由于人类历史上发生过许多次病毒引起的瘟疫大流行，一般人认为病毒是我们的死敌，"十恶不赦"；其实，这完全是一种缺乏科学认知的误解。我们周围的病毒，简直是无处不在，每一个物种、每一个生物个体都携带无数病毒。可以毫不夸张地说，我们是生活在病毒的汪洋大海之中。病毒在地球中存在已经数十亿年之久，对于整个生物圈贡献巨大；而且在漫长的生命演化史中，病毒在不同物种之间传递着基因，对生命演化产生了极其深远的影响。有些科学家甚至于认为，病毒与我们之间原本就并没有什么敌我或你我之分；按照《自私的基因》作者道金斯的理论，病毒跟我们，都只不过是一堆不断变异、不断混合、不断重组的基因而已。

美国著名科普作家齐默曾写过《病毒星球》一书，他指出，地球上生命的基因多样性很大一部分即蕴藏在病毒之中；我们呼吸的氧气，其中很大一部分是在病毒帮助下产生的。连地球的温度都与病毒活动息息相关。我们基因组的一部分就来自感染了人类远古祖先的亿万种病毒。其实，地球上的生命，很可能就是在40亿年前从病毒起源的。我们跟病毒之间的关系，真是"剪不断理还乱"。病毒是我们既不想要，但又离不开的"欢喜冤家"。

倘若我们只聚焦于病毒引起的流行瘟疫，我们对病毒的认识无异于"一叶障目不见泰山"。其实，我们体内的很多病毒对我们的健康是大有裨益的，如果没有它们的话，我们也会生病。有病毒也生病，没有病毒也生病，这听起来是一个悖论。然而，这却又是事实。过去从医学史角度讲，一般认为病毒是我们的敌人，好像只有从进化生物学角度看，病毒才是我们的朋友。但前几年有几项相关研究却发现，即便从健康学角度看，病毒也可能是我们的朋友呢！

这些研究审视了我们肠胃道里存在的大量病毒和其他微生物，科学家们发现，环境条件会影响我们消化系统内病毒与微生物的基因多样性。如果我们摄入食物的花样杂多，我们消化系统内病毒与微生物的基因多样性便会增加。反之，如果我们太"挑食"，就会降低它们的基因多样性。这就是为什么如果我们只吃含糖及脂肪高的食物（垃圾食品）的话，就会引起肥胖及其带来的很多疾病。此外，上述研究还发现，非洲的土著部落人群，由于资源匮乏，人们找到什么就吃什么，可谓遍尝各种食物；结果，他们消化系统内病毒与微生物的基因多样性也异常丰富。科学家们认为，人类食物来源的城市化与"西化"，导致了我们肠胃中病毒与微生物的减少，大大地降低了消化系统内病毒与微生物的基因多样性。

此外，由于病毒不能自行繁殖，因而它们是离不开宿主的。正因为如此，杀死宿主并非病毒的"本意"。有位病毒学家曾把病毒比喻为入室行窃的盗贼，它们潜入你的房间，偷吃了你的食物，还在你的床上生育了无数小贝贝，然后，拍拍屁股跑了，留下一片狼藉。然而，它们并不想把主人置于死地；因为这对它们一点儿好处也没有。它们需要的是感染宿主但又不过分伤害宿主，它们力求达到的"目标"是：逃过宿主免疫系统的识别和攻击，尽可能多地复制自己，新的病毒设法赶快逃离现在的宿主、继续去感染新的宿主。因此，成功的病毒，不应该像上述"入室行窃的盗贼"那样粗暴，而应该像造访留宿的客人一样彬彬有礼才是。

其实，我们很多人身上就携带着这一类型的"模范病毒"——单纯疱疹病毒。这种病毒跟人类及其祖先已经"和平共处"了600多万年了。口腔单纯疱疹就是由单纯疱疹病毒引起的，症状是口腔黏膜以及嘴巴周边出现急性感染，俗称"热疮"，是口腔最常见的病毒感染。像这类令人生厌但又没有杀伤性的病毒，能够与宿主长期共存；而像SARS那样致死率很强的病毒，因为大量杀伤宿主，便无人替它们继续传播了，所以很快就会被自然选择淘汰。正是从这一角度分析，一些病毒学家预测，尽管目前看来新冠病毒依然在全球肆虐，但与受感染者的巨大基数相比起来，致死率几乎跟流感差不了太多，而且死者主要是免疫力低下的高龄患者以及有基础病的患者。随着时间的推移，新冠病毒的RNA逐渐变异，毒性也会变得越来越小，最终可能会变得跟流感甚至普通感冒差不多。

可见，病毒与人类之间爱恨交织的关系源远流长，自人类起源以来，流行病与我们如影随形。近年来科学家们利用基因组学大数据分析发现，自人类与黑猩猩"分手"以来，近1/3的蛋白质适应演化，都是病毒驱动的，而背后真正的推手是自然选择。在人类演化过程中，当瘟疫出现时，被病毒袭击的宿主要么自身产生抗体得以适应而生存下来，要么死亡乃至于灭绝。但这些宿主的灭亡，对病毒来说其实并非好事；如果宿主灭亡了，除非病毒立即找到新的宿主，否则便与原来的宿主"同归于尽"了。显然，这无异于是自杀行为。因此，一方面病毒不得不减弱毒性；另一方面，宿主的免疫系统也会"全面反击"病毒的侵害。我们体内的蛋白质有许多功能，有时只要对其性状与组成进行细微的调整，就可以击败病毒。有意思的是，最近的研究表明，不仅免疫系统的细胞蛋白质有免疫功能，而且几乎所有细胞的蛋白质在接触病毒时，都能参加"抗疫战斗"！这种免疫系统外的"战斗者"不少于免疫系统内的"战斗者"——可以说是"众志成城"（科学家们至少找到了1 300多种蛋白质具有"免疫功能适应性"）。由于病毒试图"劫持"宿主细胞的所有功能来自我复制并蔓延，因此它们自然会驱动宿主使用身上的所有细胞"武器库"来予以反击。这类面临病毒时的"生与死"的选择压力，实际上比猎食者的捕猎以及其他环境变化的自然选择压力更大。病毒与宿主之间的协同进化，堪比"军备竞赛"：不断花样翻新，真可谓"魔高一尺道高一丈"。

　　病毒与宿主之间协同进化的现象，还有一个著名的例子。20世纪50年代，由于输入澳大利亚的欧洲兔出现了爆发式的种群增长，科学家们从南美引进了一种兔黏液瘤病毒，试图抑制欧洲兔的疯狂增长。这种病毒在南美本地的棉尾兔中只引发轻微的疾病，谁知到了澳大利亚，在新环境下经过变异，成为对澳大利亚的欧洲兔致死率极高的病毒。据统计，仅在引进的头一年里，受感染的欧洲兔死亡率竟高达99%！俗话说，"请神容易送神难；这下子把出此"馊主意"的动物学家们给搞懵了，眼看着澳大利亚的欧洲兔就要陷入面临灭绝的危险境地。

然而，所幸结果只是虚惊一场。由于兔黏液瘤病毒是通过蚊子传染的，蚊子通过叮咬活的兔子才能传染病毒，如果兔子全部死光了，传染链就会被彻底截断，病毒也无寄生之处了。在自然选择的压力下，病毒的毒性遂迅速减弱，而兔子的免疫力也在逐渐增强。更有意思的是，生物学家们还发现：两者之间的协同进化竟形成了一种有趣的动态平衡，即当兔子的免疫力迅速增强时，病毒的毒性复又开始回升。因而，病毒与宿主之间的关系最后演化成了跟南美洲类似的情形：病毒对宿主造成一定的伤害，但又没有使其灭绝。类似的协同演化的故事真是精彩纷呈、不胜枚举。

此外，近些年来的人类基因组研究也揭示，我们的基因组里有成千上万病毒基因的痕迹，而这些病毒基因的频繁变异以及新病毒基因的侵入，无时无刻不在发生着。

齐默在《病毒星球》一书的末尾曾写道，人类作为哺乳动物的一员，已经跟病毒组成了难以分割的混合体。清除了体内的病毒基因，我们可能无法活着从子宫里生出来……病毒一词原本就包含了两重性：一方面是给予生命的物质，另一方面代表了致命的毒害。病毒的确是致命的，但同时又赋予了这个世界不可或缺的创造力。

因此，创造与毁灭又一次完美地结合在了一起。

要理解病毒以及它们与人类之间协同进化的关系，就必须学习生物演化论以及生命演化的历史。就像已故著名美国遗传学家杜布赞斯基所说的那样："没有达尔文的生物演化论，生物学里的所有现象都无法得到解释。"

没有病毒就不会有人类

进入21世纪以来，分子生物学领域最震撼人心的进展，要数人类基因组测序的发表。我们的基因组DNA可能有接近一半来源于病毒，其中接近1/10来源于逆转录病毒。这一发现，促使科学家们重新审视先前的一些科学发现和假说。

20世纪60年代末，美国微生物学家马古利斯提出了共生进化假说。她认为，除了"生存竞争、适者生存"的自然选择机制之外，共生合作也在生物演化中扮演了相当重要的角色。尽管她的研究主要集中在微生物与宿主之间的共生与协同进化关系，其实病毒与宿主之间，也存在着类似的关系。科学家们最初发现的证据是一种叫作合胞素的蛋白质。

琳·马古利斯

　　早在1973年，科学家们就在人体胎盘内发现了逆转录病毒的踪迹；次年又在基因组中发现了逆转录序列。更有意思的是，人类基因组中的逆转录序列不再具有传染性，已经通过变异而变得无害了！不特此也，到了20世纪90年代，科学家们进而发现，人类基因组中的逆转录病毒高达8%，它们不仅失去了原有的毒性以及传染性，而且还通过变异成了"有用之材"。

　　最令科学家们惊奇不已的是，由逆转录病毒基因片段形成的蛋白质，竟在有胎盘类哺乳动物（包括人类在内）的胎盘起源中起到了至关重要的作用。胎盘在哺乳动物胚胎形成的早期即出现，也就是受精卵在子宫内着

床后不久，即形成了紧靠子宫壁的合胞体滋养层。如此
一来，胎盘在母体与胚胎之间建立了一道"缓冲区"或
"防火墙"，将两套不同的免疫系统隔离开来，不至于相
互残杀。否则，胎儿在母体内根本就没有存活的希望。
此外，胎盘还是母体与胚胎之间的"转接器"，通过这个
转接器，母亲体内的养分和气体可以输送给胎儿，胎儿
新陈代谢所产生的废物和废气也可以通过母体排送出去。

如此重要和神奇的器官（尽管是临时性的），竟是由
逆转录病毒基因生成的，这是何等奇妙和不可思议啊！人
类基因组中的这一
逆转录病毒基因生
成的蛋白，现在被
称为内源性逆转录
病毒糖蛋白或合胞
体蛋白，简称合胞
素。这一包膜蛋白
能够溶解相邻细胞
间的细胞膜，形成
多核的细胞层，最
后形成胎盘。如果

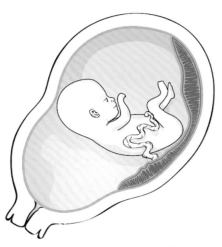

人类胎盘在母体与胚胎之间建立了
一道"防火墙"

没有胎盘的话，我们就只能像所有的卵生动物那样，在小小的蛋壳内发育，仅靠蛋黄内储存的那么一点儿养分来"苟延残喘"。有了胎盘，我们才能舒舒服服地在母体内待上9个月，有足够的时间和条件发育硕大聪明的脑袋。研究表明，如果母体内合胞素水平下降的话，孕妇就会患常见的妊娠毒血症。

在谈病毒色变的时下，我们来进一步认识一下病毒在生物演化中的重要作用与意义，应该是大有裨益的。在严格意义上，病毒是著名生物演化论学者道金斯先生所说的"自私基因的复制器"。由于它们复制和传播的速度惊人，因而在演化过程中，被其生物宿主"驯化"（domesticated）后为己所用，便是再顺理成章不过的事情了；一如人类驯化了许多自然界的敌人，比如把狼驯化成狗，为我们牧羊、做伴，成了我们的好朋友。故此，有人把生物演化比作是"修补匠"（tinker），它不需要超自然的（神创的）全新部件，只需要生物演化过程中长期积累起来的变异就足够了，把这些现成的"垃圾基因"修修补补，就像上述的逆转录病毒那样，在演化的关键时刻被用来化敌为友、化废为宝。因此，病毒是生物演化的强大推动力。这都源于它们演化速度极快、不易遭到灭绝，给变异提供了无限的机会和可能。

对于缺乏病毒上述"可塑性"的"高等"生物来说，病毒可以成为它们随时"借用"的宝贵资源。正像达尔文在《物种起源》结尾所写的那样："经过自然界的战争，经过饥荒与死亡，我们所能想象到的最为崇高的产物，即各种高等动物，便接踵而来了。生命及其蕴含之力能，最初注入寥寥几个或单个类型之中；当这一行星按照固定的引力法则循环运行之时，无数最美丽与最奇异的类型，即是从如此简单的开端演化而来，并依然在演化之中；生命如是之观，何等壮丽恢宏。"

长期以来，达尔文的生物演化论之所以不受许多人待见，主要就是因为它揭示了我们的卑微起源这一事实。刻意掩饰自己的卑微身世，似乎是人们最常见的虚荣心表现。走笔至此，我突然想到爱尔兰诗人叶芝在《最后的诗》中所写的："我必须躺在所有梯子的起始之处，在心底污秽的破布与骨头铺子里。"他在暮年之际，借此一吐胸中块垒：无论内心深处所有的感觉有多么污秽与肮脏，我们必须正视它们，方有可能追回那逝去的诗的灵感来源。

同样，在产房里，当一个新生儿呱呱落地的时候，大家的目光都注视着宝贝般的新生命，胎盘则被当作肮脏之物，随手扔进了生物废料垃圾桶里。很少有人会去想，哪怕世上最高贵的人物，也是随着那块"肮脏之物"来到这个世界的；追根究底的话，甚至于来自更加微小的病毒。所以，病毒学家与人类学家一致认为，病毒才是人类演化最强的驱动力。

哺乳动物胎盘演化的奇妙故事，令许多进化生物学家开始重新审视人类自身与病毒之间的亲密关系。有人曾问：这些逆转录病毒是我们自身的组成部分吗？答案：当然是！那么，我们大可把自身看作是一碗DNA粥，里面混杂着很多逆转录病毒。正是从这种意义上说，逆转录病毒业已模糊了病毒与人类之间的界限。

考拉的绝处逢生与逆转录病毒的内生化

上述逆转录病毒被"废物利用"的现象，分子生物学里有个专有的学术名词来描述它——逆转录病毒的内生化。除了哺乳动物胎盘的演化要归功于逆转录病毒的内生化之外，我们所熟悉的澳大利亚考拉熊绝处逢生的故事，也堪称科学家们研究逆转录病毒内生化正在"演化进行时"的经典范例。

澳大利亚考拉熊，并不是我们所熟悉的熊类哺乳动物，而是属于跟袋鼠同一类的有袋类哺乳

考拉（*Phascolarctos cinereus*）

动物。由于考拉的长相憨态可掬、讨人喜欢，颇有点儿像可爱的"泰迪熊"，所以小朋友们都亲切地称其为考拉熊。然而，很少人知道，就是如此可爱的小动物，在20世纪初曾一度面临灭绝的危险。

考拉的食性很特别，而这种食性并非它们自古以来就有的。由于气候变化的缘故，考拉的祖先生活的热带雨林被桉树森林所取代。考拉为了适应新环境，也只好"就地取材"，改吃桉树叶子。但是，桉树叶子含有毒素，使其他植食动物无法"消受"；考拉却逐渐适应、演化出消化桉树叶子的能力。这样一来，整个桉树林，就变成了考拉独领风骚的家园。

然而，考拉食性的改变，为它们赢得了崭新的天

地，却也使它们付出了一定的代价。因为桉树叶子的营养成分很低，为了获取足够的养分，考拉不得不整日不停地吃、吃、吃，以至于除了睡觉之外，它们在清醒时候大约60%的时间都在吃！即便这样，它们依然营养不良，可怜的小东西们简直就是"空脑壳"动物——脑袋里40%是液体；外表看起来像个"大头娃娃"，其实脑子本身"缩水"之后，就像个干瘪的核桃。

人类移居澳大利亚之初，对土著动物群滥捕滥杀，由于考拉的毛皮具有较高的商业价值，到了20世纪初，考拉曾一度被过量捕杀而濒临灭绝。为了保护和拯救考拉，当年澳大利亚政府采取了一些紧急措施，使它们集中移居到距离澳大利亚大陆比较近的一些岛屿上，其中包括澳大利亚南岸附近的坎加鲁岛（1920年前后引进考拉）。考拉很快又在岛上的桉树林中繁盛起来。

1961年，科学家们开始发现两例考拉患了白血病的病例。短短20年之后，科学家们惊奇地发现，在死亡的考拉总数中，大约5%死于白血病，这时便引起了他们足够的警觉。他们发现这种白血病跟长臂猿白血病类似，是一种杀伤力很强的癌症；然而澳大利亚并没有长臂猿，而长臂猿的栖居地非洲和亚洲又都没有考拉。科学家们怀疑这种病毒是通过中间宿主鸟类从非洲或亚洲的长臂猿身上传到澳大利亚考拉身上的；经过10多年的研究，最后他们成功地把"祸首"锁定在一种称作"考拉逆转录病毒"（KoRV）上面。

今天，澳大利亚的绝大多数考拉身上还携带着考拉逆转录病毒（KoRV），但是坎加鲁岛上的考拉身上却不再有这种病毒了。这就显示，过去的100年间（相当于考拉10个世代），坎加鲁岛上的考拉已经建立了群体免疫能力。科学家发现，这种免疫能力是通过考拉逆转录病毒整合成了DNA原病毒所产生的。换句话说，原来的考拉逆转录病毒侵入宿主细胞后，遗传因子通过逆转录而整合进入了宿主细胞的DNA基因组之内。在这一过程中，原来致癌的病毒丧失了毒性，新形成的DNA原病毒反而对感染考拉逆转录病毒产生了免疫力。这是多么神奇的病毒演化的故事啊！

然而，这就发生在刚刚过去的短短100年间。已知类似的现象还发生在其他几类动物身上，比如南非羊肺炎也是由逆转录病毒引发的致命性肺癌，但逆转录病毒的内生化之后，该病毒不再在羊群的个体之间传染了，而是整合进入了羊的基因序列，通过亲代遗传给子代。同样，原来的病毒非但不再致癌，还对感染羊肺炎逆转录病毒产生了免疫力。这种逆转录病毒内生化之后所产生的免疫力，真是令人惊奇不已、大开眼界。

总而言之，生物演化论启示我们：目前肆虐的新冠肺炎病毒，最终或者消失，或者变异成无害的"垃圾基因"，进入人类基因组保存下来，在未来适当的时候，甚至可能成为有用的内源性逆转录病毒基因服务于人体。这便是达尔文生物演化论和分子生物学给我们描绘的美丽新世界。

第七章

习惯于跟病毒共存

全球化之下的瘟疫流行

至此为止，我们已经介绍了病毒的两面性。一方面，病毒是我们的朋友，而且是我们基因组成不可或缺的一部分，甚至还可能是我们（以及所有生命）的始祖。此外，分子生物学家们一致认为，病毒是地球上最大的、可"开发利用"的基因库。病毒在不同生物物种之间，担负着交换基因的重要角色，大大增进了基因多样性，并时刻驱动着生物演化，进而丰富了地球上的生物多样性。因此，彻底清除病毒的想法，既是不可能实现的，也是荒谬可笑、极不明智的。

另一方面，病毒又隔三岔五地"骚扰"人类社会，对人类的健康和福祉造成了巨大威胁，因而被很多人视为我们最可怕的敌人。仅在过去的一个世纪里，病毒就引发过许多次地区性以及全球性的大流行瘟疫，曾使亿万人丧生，比战争夺去的生命总数还多。

尽管病毒最主要的侵害对象是古菌和细菌一类原核生物，但它们也侵害动物和植物。动物身上的病毒种类和数量惊人，很多引发人间瘟疫大流行的病毒，其天然宿主及中间宿主，都可以追溯到动物（尤其是鸟类）身上。很多病毒在动物身上可能一直表现得很温和，但一经跨物种间的传播，经过突变和基因重组，攻击起人类来往往就变得致命，特别是在开始阶段。

20世纪以前，由于交通欠发达，国际间的交流也不那么频繁，千万人口以上的大都市闻所未闻，即便发生瘟疫流行，一般也是地区性的。在造成全球性传播和巨大的人口死亡之前，一般来说，病毒传染链就会自然切断。但全球化改变了这一切！

现在整个世界变成了一个庞大无比的"地球村"，而整个地球也就变成了一个病毒与微生物的巨大混合器。我们无法预测哪里的动物身上的病毒会突然跑到人类身上，也不知道哪些病毒会变异重组而引发全新的疾病，更不知道在何时何地会导致瘟疫暴发和大流行。而这种"盲人骑瞎马"的情形，正是我们所面临的可怕现实。

更可怕的是，如果一种高致命性的病毒和一种高传染性的病毒在某个宿主体内重组，产生了兼具二者特点的、既能广泛传播又相当致命的病毒，就像新冠病毒这样，然后通过求学、经商、旅游、探亲的人群，迅速被飞机、高铁、汽车、游轮载往世界各地，岂不是人类最可怕的梦魇吗？而令人遗憾和恐惧的是，这一梦魇就在

2020年几乎是瞬间便成为了现实！

记得哈佛大学国际艾滋病研究中心主任乔纳森·曼曾在《逼近的瘟疫》一书的序言里指出，艾滋病正在教训我们：世界上任何一个地区出现的健康问题，都会迅速变成对世界上许多人甚或所有人的健康威胁。亟待建立一个国际性的"预警系统"，以便尽快发现全新传染性疾病的暴发和传播。缺乏这个系统，我们就只能听天由命了。

古病毒"蓄势待发"

在地球上的南北极冰川之下，在西伯利亚、阿拉斯加以及其他地区的永久冻土层之中，还冷藏着数量极大、种类繁多的古病毒。这些病毒就是名副其实的"定时炸弹"，随着地球变暖、冰川和冻土融化，随时都可能被引爆！除了前文谈到的复活1918大流感病毒之外，2004年，科学家又复活了一种埋藏在西伯利亚永久冻土层中3万多年前的巨大病毒。更可怕的是，这一病毒仍然具有传染性。不过，它的目标只是阿米巴虫；但科学家们推测，一旦地球上所有的冰层融化，长期"休眠"的远古病毒就会像"睡美人"一般神奇地醒来，其结局跟童话

随着气候变暖，隐藏在冰川和冻土层之下大量古病毒可能随时会"复苏"

里的结局会大相径庭。这将不是与王子"幸福快乐地生活下去"，而是将会对人类构成巨大威胁。

其实，这正是我们需要好好保护地球的另一个重要原因，尽管还很少引起公众的关注。这就要求人类适当地调整生活方式，即有意识地将我们目前的生活方式调整成为低碳生活。通过减少使用化石燃料、降低温室气体排放，扭转气候极端化走向，改变地球生态环境，才是防止"蓄势待发"的古病毒出其不意"复出"的最佳解决方案。

我们该怎么办？

在新冠肺炎之前，一般中国人对流行传染病最近的印象是SARS，由于SARS的"来也匆匆，去也匆匆"，人们产生了一种错觉：似乎传染病大流行很多年才会发生一次。然而实际上，传染病暴发的频率远比人们想象的要高得多，在世界范围内，大小规模的大流行疫情此起彼伏，从未真正间断过。流感病毒呈季节性暴发，全球每年有10%—20%的人感染，严重时多达几十万人丧命。至于艾滋病，全球每年死亡的人数更在百万人之上。总而言之，认为传染病十分罕见，只是因为我们对其关注不够，"事不关己高高挂起"而已。此外，很多人对现代医学治疗传染病的威力过于乐观。事实上，病毒遗传物质的复制非常不稳定，因此变异速度极快，导致现在研制抗病毒药物与疫苗的速度远跟不上病毒演化的节奏。那么，既然如此，我们到底应该怎么办？

与回答所有的问题一样，对上述问题，我们也应该从大处着眼小处着手。

从大处看，国际间密切的科学合作，能够在瘟疫出现之初尽早发现和破解病毒的性质及传播途径。在SARS

和此次新冠疫情中，各国科学家的集体努力收到了良好的效果。然而，相形之下，各国政府层面的合作，在许多方面就未免令人失望了。

《人类简史》的作者尤瓦尔·赫拉利最近为《金融时报》撰文，题为《冠状病毒之后的世界》，其中指出，人类现在正面临全球危机。这也许是我们这一代人所遭遇的最大危机。各国政府做出的决定，可能在未来几年内改变世界。它们不仅会影响医疗保健系统，而且会影响经济、政治和文化。……风暴终将过去，人类会继续存在，我们中大多数人仍将活下去；不过，也许将生活在另一个世界之中。

他还指出，流行病本身及其次生的经济危机，都属于全球性问题，因而，只有全球合作方能有效解决。首先，为了战胜病毒，我们需要全球范围的信息共享。这是人类相对于病毒的最大优势。其次，我们还需要在全球范围内努力生产和分销医疗设备，尤其是测试套件和呼吸机。人类与冠状病毒的战争可能会要求我们将关键的生产线"国际化"。再次，经济方面也亟需全球性合作。考虑到经济和供应链的全球性，倘若各国只顾自己，必将引起混乱、加深危机。

　　显然，这次疫情进一步暴露出了各国在公共卫生事业上存在的不同程度的"短板"，也彰显了不同制度所带来的不同的"应变"能力。在病毒无药可医、无疫苗可用的情形下，运用公共卫生方法切断病毒的传播途径，是控制疫情蔓延的唯一有效手段，也是"不得已而为之"的"最后一招"。毋庸赘言，这在短期的"封城""锁国"过程中，也不可避免地凸显了危机。

　　然而，"危机"意味着危险与机遇孪生，每次危机也是一个机会。倘若我们选择全球团结，这将不仅是对抗新冠病毒的胜利，也是抗击可能在21世纪袭击人类的所有未来流行病和危机的胜利。愿各国政府和人民，从中总结出可贵的经验教训，以便从容应对下一次疫情的"不期而至"。

　　现在我们转向"小处着手"，也就是作为个体，我们每一个人每日每时每刻应该并可以身体力行的。

　　首先，学习和普及病毒与传染病的相关知识，做到"知己知彼，百战不殆"。这既是我写作这本小书的初衷，也希望读者能够与周围人分享。我相信，这对疫情防控是会有帮助的。

　　其次，平时就要注意锻炼身体，增强免疫力。历次疫情表明，"苍蝇不叮无缝的蛋"，在病毒和流行病面前，那些基础病患者往往是最不堪一击的。

最重要的是，要听"网红"张文宏医生的忠告：养成良好的个人生活和卫生习惯。即便疫情过后，我们也必须牢牢记住，使之"习惯成自然"：不要到处乱碰乱摸公共设备，不要随地吐痰，咳嗽或打喷嚏时要遮掩，戴口罩，勤洗手……对了，还有——若是有条件的话，早餐要喝牛奶，吃鸡蛋、三明治。

用肥皂洗手，是人类卫生学上最伟大的进步之一。这一简单的卫生行为，每年可以挽救数百万人的生命。直到19世纪，科学家才发现用肥皂洗手的重要性，因为人们肉眼看不到的病毒和细菌会引起许多疾病，而用肥皂洗手（长达20秒）可以清除它们。

许多病毒是通过呼吸道传染的，因此，不随地吐痰，咳嗽或打喷嚏时要遮掩，戴口罩，不仅保护自己，也保护他人。另外，避免在公共场合（尤其是乘坐公共交通时）高声喧哗，并尽量避免用手机通话，因为高声说话甚至于通话时，也会喷出无数飞沫。这种场合打发时间的最好方式是读书，这也是对周围人的尊重。

很多病毒还可以通过接触传染，因此，出门在外不到处乱碰乱摸公共设备、勤洗手，就变得至关重要了。

早餐喝牛奶，吃鸡蛋、三明治，是为了增加营养，增强抵抗力。

最后一点怎么强调也不过分，那就是我们要有保护野生动物的意识，做到远离野生动物，坚决杜绝食用野味。从以往的疫情中，科学家们发现很多病毒的天然宿主及中间宿主大多是野生动物。《致命接触：全球大型传染病探秘之旅》一书中也记载了许多例子，显示与野生动物接触最容易感染病毒并导致传染病流行；其中包括训练有素的科研人员在实验室里，不幸被其研究的恒河猴咬伤而中毒身亡的例子。因此，对我们普通人而言，远离野生动物，给它们留下足够的生存空间，不仅是维持自然和谐的需要，也是自我保护的需要。

至于食用野味，更是应该彻底摒弃的"恶习"。没错，人类在演化过程中，确实吃过各种各样的野生动物，也许它们的肉大多是"可以吃的"（即不会立即中毒致死），但绝不是什么"大补"的奇珍，只不过是原始人类为了"果腹"而饥不择食罢了。但在人类长期的生产实践中，已经驯化了若干种家养动物，为人类提供了既营养又安全的肉食资源，在现代的屠宰加工过程中，还经过较为严格的检疫。在这种情况下，再去吃珍稀的野生动物，就是十分愚昧的了。

更不可思议的是，竟然有少数人特别好蝙蝠这一口。然而，他们不了解的是，由于蝙蝠远比人类的演化历史长，故跟病毒协同进化的历史也更加漫长，因而它们身上已演化出了"百毒不侵"的细胞和生理功能。蝙蝠对很多病原体有免疫力，但它们体内的病原体数量却并不多；因此，它们的免疫系统把病原体有效地控制在最低水平。尽管我们目前对蝙蝠的免疫系统还知之不多，但有些科学家把它们强大的免疫功能归功于它们所具有的大幅度能量代谢的功能。比如，蝙蝠的体温波动幅度很大，在静止时，基础代谢水平降到很低，客观上限制了病原体的复制。在飞行时，体温则高达四十多度，极大地激发了其免疫系统功能。这在哺乳动物中是非常罕见的。大家想一想：我们若是发烧到四十度，会是什么样的后果？所以，那些吃蝙蝠的人应该深刻反省一下，既然你没有那个金刚钻，就千万别揽那个瓷器活！

尾 声

观病毒的十三种方式

　　美国著名诗人华莱士·史蒂文斯有一首著名的诗《观黑鸟的十三种方式》，我也"东施效颦"，在这本小书里试图从众多不同的视角介绍了病毒：分子生物学、遗传学、流行病学、进化生物学、医学史等。

1

宇宙万物间，

唯一扑朔迷离的

是病毒之源。

2

肉眼看不见，

无影无踪无嗅无味

叫停整个世界

顷刻间。

3

从哪里来？

往何处去？

是生还是死？

谁人能解？

4

说它生——

它不吃不喝不拉不撒；

说它死——

它长寿40亿年

至今依然康健。

5

DNA双链，RNA单链，

抑或其中片段；

遁入宿主细胞

疯狂复制生产。

完事逃之夭夭，

留下狼藉一片。

6

流感，艾滋，非典，

埃博拉，新冠肺炎……

来去无踪影

一片狼烟。

提起令人心悸

闻之变色丧胆。

7

华佗无奈病毒何?

禁足隔离,停课停产,

口罩,洗手,社交距离,

旨在切断它的感染链。

8

"横看成岭侧成峰",

病毒绝非一面。

往远溯

伊甸园里既无亚当也无夏娃,

有的只是核酸类酶(类病毒)

乃万物之母、生命之源。

9

朝近看

母亲子宫里的胎盘，

安全护送我们抵达这个世界，

是逆转录病毒的巨大贡献。

10

正是巨型病毒

模糊了生命与非生命、

我们与病毒之间的界限。

所以，不必把它们当作敌人，

我们之间的关系

"剪不断，理还乱"。

11

它们和我们都是

一堆"自私的基因"，

神奇的自然选择之手

将我们拼凑腾挪，组装拆散。

12

160多年前，

伟大的魔术师达尔文，

把个中奥秘

写进了千古奇书——

《物种起源》。

13

别仇恨，

莫慌乱。

拒食野味、远离野生动物，

保护地球

敬畏自然。

我们与病毒

大可"白头偕老"，

"相看两不厌"。

术语表

（按首字音序排列）

DNA编码：DNA编码又称遗传密码子或密码子，是指DNA中包含了一套建造蛋白质和其他大分子的指令，这些蛋白质和大分子对我们的生长、发育和健康至关重要。细胞解读DNA编码以便在合成蛋白质和大分子过程中添加指定的氨基酸。每个基因编码用A，C，G，T四个字母组成不同组合的三个字母"单词"，即所需氨基酸的指令，这是建造蛋白质和大分子每一步都必需的。

DNA复制：DNA复制是指DNA双链在细胞分裂期间进行的以一个亲代DNA分子为模板合成子代DNA链的过程。DNA复制是生物遗传的基础。对于双链DNA，即绝大部分生物体内的DNA来说，在正常情况下，这个过程开始于一个亲代DNA分子。亲代双链DNA分子的每一条单链都被作为模板，用以合成新的互补单链，这一过程被称为半保留复制。细胞的校正机制确保了DNA复制近乎完美的准确性。DNA的复制是一个边解旋边复制的过程。复制开始时，DNA分子首先利用细胞提供的能量，在解旋酶的作用下，把两条螺旋的双链解开，就像拉开衣服上的拉链一样，这个过程叫解旋。然后，以解开的每一段母链为模板，以周围环境中的四种脱氧核苷酸为原料，按照碱基互补配对原则，在DNA聚合酶的作用下，各自合成与母链互补的一段子链。随着解旋过程的进行，新合成的子链也不断地延伸，同时，每条子链与其母链盘绕成双螺旋结构，从而各自形成一个新的DNA分子。这样，复制结束后，两个子代DNA分子，通过细胞分裂被分配到两个子细胞中去。

巴斯德消毒法：又称巴氏消毒法、巴氏灭菌法、低温消毒法等。这是法国微生物学家、化学家路易·巴斯德（1822—1895）发明的一种消毒（杀菌）方法。巴斯德是微生物学的开山鼻祖之一，他否定了当时流行的自然发生学说，提出了疾病细菌学说，认为很多疾病是微生物病菌引起的，并发明了预防接种的方法。他发现葡萄酒变质与牛奶发酸都是因为其中有微生物病菌的缘故，因而于1864年发明了这种低温消毒法，即把葡萄酒与牛奶等液体加热到一定的温度，足以杀死其中的微生物病菌，而又不至于煮沸而破坏了它们的口味。后来人们就以他的姓氏命名了这种消毒方法。

变异与突变：基因中的突然变化称作突变。突变有时会改变生物体的外貌和功能，使同一子代不同个体之间或不同世代遗传过程中出现的稍微不同的性状特征。这类突变是变异出现的原因。"一母生九子，九子各不同"，就是变异的结果。变异与突变是生物演化的原材料。

病毒：像活细胞一样，病毒的核心是包含遗传信息的遗传物质（即核酸），病毒的遗传物质可以是DNA（脱氧核糖核酸）也可以是RNA（核糖核酸）。病毒外面有蛋白质保护壳。跟活细胞不同的是，病毒不能自己产生能量（即没有新陈代谢功能）；也不能自行复制（繁殖），必须借助其他生物体的活细胞才成。因此，病毒介于生命体与非生命体之间；病毒与细菌不同，后者属于微生物。

病毒学：专门研究病毒的科学分支学科。

病毒株：指病毒的原生体，是病毒或微生物（比如细菌或菌类）的遗传变种或亚型；一般是指实验室条件下培养的病毒。

蛋白质：一种生物大分子，也是生物体的必要组成成分，参与细胞生命活动的全进程。酶为最常见的一类蛋白质，是生物化学反应的催化剂，在生物体新陈代谢过程中起着至关重要的作用。蛋白质像是生命大工厂里不同车间和部门的"工人"，在生物体中执行着各种不同功能。

共生关系：指两个生物体因生活在一起而形成的紧密互利关系。美国微生物学家琳·马古利斯深信，共生是生物演化的机制之一，她说："大自然的本性就厌恶任何生物独占世界的现象，所以地球上绝对不会有单独存在的生物。"达尔文在《物种起源》中就曾记述了一个经典的共生关系实例：蚂蚁跟蚜虫共生；其中蚜虫就像是蚂蚁的乳牛一样，分泌甜甜的蜜露供蚂蚁食用，而蚂蚁也会为了得到蚜虫的蜜露帮蚜虫赶走天敌。

华莱士·史蒂文斯（1879—1955）：美国重要的现代主义诗人之一。他的诗歌的一个突出特点是对于意象的使用。一些主要的意象反复地出现、重新组合，构成了一个相对稳定的象征的体系。曾有评论家指出，史蒂文斯在《观黑鸟的十三种方式》等多首诗当中所表现出的宇宙空灵和世界以我为源的思想，与中国的禅宗有某些契合之处，并与王维、常建等人的诗歌在思想、意象和意境上有异曲同工之妙。《观黑鸟的十三种方式》是史蒂文斯最著名的诗歌之一，美国有一个著名的古典音乐室内乐乐团就以"十三只黑鸟"命名，由13位年轻新潮、高颜值的音乐家组成，他们以演奏20世纪新古典音乐作品著称。

鸡尾酒疗法：由美籍华裔科学家何大一于1996年提出，将两大类当时已有的抗艾滋病药物（逆转录酶抑制剂和蛋白酶抑制剂）中的2—4种组合在一起使用，称为"高效抗逆转录病毒治疗方法"。因其配置过程和鸡尾酒类似，故又称"鸡尾酒疗法"。该疗法的应用可以减少单一用药产生的抗药性，最大限度地抑制病毒的复制，使被破坏的机体免疫功能部分甚至全部恢复，从而延缓病程进展，延长患者生命，提高生活质量。自1996年该疗法应用于临床之后，已使大量艾滋病患者受益。有统计数据表明，鸡尾酒疗法使艾滋病患者的死亡率降低到20%。

基因测序：又称DNA测序，是指分析特定DNA片段的碱基序列，也就是腺嘌呤（A）、胸腺嘧啶（T）、胞嘧啶（C）与鸟嘌呤（G）的排列方式。快速的DNA测序方法极大地推动了医学生物学领域的研究进展。DNA测序可以用来确定任一生物的单个基因的序列、较大的遗传区域、完整的染色体或整个基因组。DNA测序也是对

RNA或蛋白质进行测序的最有效方法。目前，DNA测序已成为生物学和其他科学领域（如医药学，法医学及体质人类学等）的关键技术。在分子生物学中，DNA测序可用于研究基因组及其编码的蛋白质。科研人员利用测序获得的信息，便能识别基因的变化、基因与疾病跟表型的关联，并确定潜在的药物靶点。由于DNA是携带有遗传信息的大分子，在演化生物学中，DNA测序被用来研究不同生物之间的亲缘关系以及它们的起源和演化。

基因重组：又称遗传重组，是指DNA片段断裂并且转移位置的现象。这是发生在减数分裂时非姐妹染色单体上的基因结合。对原核生物（例如细菌）来说，个体之间可以通过交接，或是经由病毒（例如噬菌体）的传送，来交换彼此的基因，并且利用基因重组，将这些基因组合到本身原有的遗传物质中。对于较复杂的生物来说，重组通常是因为同源染色体配对时发生互换，使得同源染色体上的基因在遗传到子代时，经常有不完全的连锁。由于重组现象的存在，科学家可以利用重组率来定出基因之间的相对位置，描绘出基因图谱。

基因组学：是研究生物基因组以及如何利用基因的一门学科。"组"在基因组一词中，指一个物种的全部遗传组成。基因组学为基因工程提供理论基础，并能为一些疾病提供新的诊断与治疗方法。例如，对刚被诊断为乳腺癌的女性，一个名为"Oncotype DX"的基因组测试，能用来评估病人乳腺癌复发的个体危险率以及化疗效果，这有助于医生获得更多的治疗信息并进行个性化医疗。基因组学还被用于食品与农业部门，比如农作物的转基因研究。基因组学的主要工具和方法包括：生物信息学，遗传分析，基因表达测量和基因功能鉴定。

极简主义：20世纪60年代兴起的一个艺术流派，影响到文学艺术、建筑设计乃至于人们的生活方式。极简主义强调删繁就简，忌修饰浮夸，求朴拙本真，以简约的方式表现和处理一切。由于病毒的结构极为简单，故被视为代表一种极简主义的生存方式。

结构生物学：结构生物学是横跨分子生物学、生物物理学和生物化学等多学科的交叉学科，主要研究生物大分子（如蛋白质的分子和核酸的分子）的结构（包括构架和形态），探讨其结构形成的条件与过程，以及其结构与生命功能之间的关系，在医学生物学上有着重要的应用意义。比如，发现DNA的双螺旋结构，就是结构生物学研究的经典范例；20世纪70年代初，中国科学家的胰岛素三维结构研究也属于结构生物学研究，那一成果是诺贝尔奖水平的，只是由于当时特殊的历史条件而与该奖失之交臂；饶子和、施一公与颜宁都是中国著名的结构生物学家。

抗原性转变：抗原性转变是病毒的一种突然的、激烈的、不连续的质变，结果产生与原来病毒株完全不相同的亚型。其毒力可明显增强，如流感病毒的抗原性转变可导致流行性感冒的世界性大流行。甲型流感病毒的抗原性转变是指在自然流行条件下，病毒表面的一种或两种抗原结构发生大幅度的变异，或者由于两种或两种以上甲型流感病毒感染同一细胞时发生基因重组而形成，并出现与前次流行病毒株的抗原结构不同的新亚型（如H1N1转变为H2N2等）。由于人群缺少对变异病毒株的免疫力，因此这些新亚型很容易在人际间引起大流行。因为核酸序列较大程度的改变，导致编码蛋白的抗原性变化，是蛋白抗原性转变的常见方式；而对于流感病毒，其核酸是分节段的，这种生物学特点也决定着流感病毒独特、多变的命运。当两种不同亚型的病毒感染了同一宿主，在病毒装配过程中，就有可能通过基因重组的方式，将原本来源于不同病毒的核酸片段包装于同一个病毒中，导致新亚型出现，而后者也已成为流感病毒抗原性转变的主要方式。

拉马克学说：法国博物学家拉马克（1744—1829）在1809年发表的《动物学哲学》中首先提出的理论。拉马克认为"获得性遗传"（即"用进废退"）既是生物产生变异的原因，又是生物适应环境的结果。比如，他认为长颈鹿的祖先原本是短脖子，但是为了要吃到高树枝上的叶子经常伸长脖子和前腿，通过世代遗传而演化为现在的长颈鹿。后来，拉马克学说为德国实验动物学家威斯曼所否定：威斯曼在实验中将雌、雄老鼠尾巴都切断后，再让它们互相交配来产生后代，而其后代都生有尾巴。再切除这些后代的尾巴，使它们互相交配产生下一代，而下一代仍然有尾巴。他一直这样重复进行了20代，至第21代的子代仍然有尾巴。不过，后来科学家们又发现，生活方式和习惯会影响基因表达，但并不直接修改基因密码。这些影响也会遗传给后代。比如，饱尝饥饿的父母生下来的子女，会从食物中吸收和储存更多的脂肪。尽管目前我们对这一遗传机制还不完全了解，但至少说明拉马克学说并没有完全错。这一比较新的认识称为"表观遗传学"，是遗传学领域的研究热点之一。

流感亚型：甲型流感病毒粒子呈球形或呈丝状，直径约80—120 nm，有囊膜。甲型流感病毒结构分三层，最外层为双层类脂囊膜；中间层为基质蛋白M1，形成一个球形的蛋白壳；内部为核衣壳，呈螺旋对称，其中包含核蛋白、两种多聚酶蛋白和病毒基因组单链RNA。病毒表面有两种糖蛋白突起，分别为血球凝集素（HA）和神经氨酸酶（NA）。前者的作用就像一把钥匙，帮助病毒打开宿主细胞的大门；后者能够破坏细胞的受体，使病毒在宿主体内自由传播。而甲型流感病毒亚型的分类命名即以此两种糖蛋白（即H和N）命名。每个亚型都已突变成不同的菌株，病原体也不尽相同。有的病原体是一种甲流病毒所独有的，有的则是好几种甲型流感病原体所共有的。

马尔萨斯的《人口论》：托马斯·马尔萨斯（1766—1834）是英国政治经济学家和人口学家，他于1798年出版了《人口论》。该书的基本思想是：如果没有干预和限制，人口是呈几何速率（即2，4，8，16，32，64，128……）增长，而食物供应呈算术速率（即1，2，3，4，5，6，7……）增长。只有自然原因（事故和衰老），灾难（战争、瘟疫以及各类饥荒），罪恶和人为限制（包括杀婴、谋杀、节育等）能够限制人口的过度增长。尽管这一理论在科学上是站得住脚的，但200多年来一直备受争议。然而，达尔文与华莱士各自独立发现生物演化论的自然选择学说，都是在阅读马尔萨斯的《人口论》时受到了启发而产生的"顿悟"。正如达尔文所说，"这下子终于找到了可以着手工作的理论"。

孟德尔：格雷戈尔·孟德尔（1822—1884）被誉为"现代遗传学之父"，是基因和遗传规则的发现者以及遗传学奠基人。他是奥地利布隆（现属捷克并更名为布尔诺）一座修道院的牧师。他在修道院的花园里进行了长达8年的豌豆杂交实验。在《物种起源》发表7年后的1866年，他的实验成果发表了。这个发现标志着现代遗传学的诞生。遗憾的是，当时并没有什么人注意到孟德尔发现的重要性。20世纪初，孟德尔当年的发现被科学家们"重新发现"，生物学研究进入了遗传学新时代；到了20世纪30年代末期，达尔文生物演化论与孟德尔遗传学的结合，产生了"新综合系统学派"，又称作"新达尔文主义"。

内共生体：指生活在其他生物体内部的生物体。所有真核细胞，像我们自身的细胞一样，都是由其他生物的零件组装成的生物。地球上最早的一些生命形式是原核细胞。从化石记录来看，它们首次出现是在大约40亿年前。在真核细胞于18亿年前出现之前，原核细胞已经存在了很长时间了。一般认为，所有真核细胞的祖先都是一种原核生物。但是，从原核细胞到真核细胞，细胞需要变得复杂得多。所有的真核细胞，都包含一种叫作线粒体的细胞器，用来制造供给细胞的能量。植物细胞还有另外一种叫作质体的细胞器，即叶绿体，可以像太阳能电池一样，从阳光中获取能量。内共生学说认为，线粒体和叶绿体就是细菌被真核细胞吞噬后，在长期内共生的过程中演变而来的。

群体免疫：指人或动物群体中的很大比例获得免疫力，使得其他没有免疫力的个体因此受到保护而不被传染。拥有抵抗力的个体的比例越高，易感个体与受感染个体之间接触传染的可能性便越小。一般认为，群体免疫策略只有通过让免疫功能健全的个体普遍接种疫苗，才有可能成功。

人工选择：达尔文认为，在家养动物与栽培植物的驯化过程中，人们根据自己的喜好与需求，对物种的特定性状进行强化或消除性的人为选育，可以称作人工选择。

人类免疫缺陷病毒（HIV）与艾滋病（AIDS，获得性免疫缺陷综合征）：人类免疫缺陷病毒（HIV）是病毒名称，而获得性免疫缺陷综合征是艾滋病的疾病名称的全称。

人体免疫系统：人体的免疫系统由免疫器官、免疫细胞以及免疫活性物质组成，它们能发现并清除入侵人体的病原微生物以及体内发生突变的肿瘤细胞、衰老细胞、死亡细胞和其他有害成分，通过免疫调节来保持系统环境的稳定。免疫系统一般来说分为天然免疫系统和获得性免疫系统两种。天然免疫是机体抵抗病毒入侵的第一道防线，当病原出现时，机体会通过调动一些免疫细胞来控制病原的感染，让病原无法生存或复制。当第一道免疫屏障被病原冲破后，机体的第二道防线——获得性免疫将自觉地发挥防御作用。比如，感染了某种病毒后，我们体内会产生抗体，当下一次再感染的时候，抗体就会发挥卫士的作用。免疫力是人体自身的一种防御机制，以阻挡外界病菌对我们机体的侵入。因此，人体免疫系统既是"海关"又是"警察"。人体免疫系统的第一道防线是皮肤和黏膜，尤其是皮肤，从物理上阻隔了病菌进入体内，同时其分泌物也可以清除大多数病菌。

在大面积烧伤的病人中，造成治疗失败甚至死亡的一大原因就是细菌感染。由于皮肤大面积被烧毁，人体缺少了这层重要保护，很容易受到细菌的攻击。可以说，皮肤就是人体的"铠甲"。第二道防线就是体内的各种免疫细胞，比如淋巴细胞、巨噬细胞等。它们可以识别病菌、定点清除攻入体内的病菌，同时也会清除体内衰老、病变的细胞，比如癌细胞等。

神经氨酸酶（NA）：又称唾液酸酶。神经氨酸酶是分布于流感病毒被膜上的一种糖蛋白，它具有抗原性，可以催化唾液酸水解，协助成熟流感病毒脱离宿主细胞感染新的细胞，在流感病毒的生活周期中扮演了重要的角色。在甲型流感病毒中，神经氨酸酶的抗原性会发生变异，这成为划分甲型流感病毒亚型的依据，在目前已知的甲型流感病毒中共有9种不同的神经氨酸酶抗原型。

食物链与食物网：食物链是指在自然界生态系统中，不同物种之间的食物组成关系。比如，鱼鹰吃鱼、大鱼吃小鱼、小鱼吃虾米、虾吃浮游生物及藻类等，它们之间形成了一个吃与被吃的链条关系，故称作食物链。然而，各种生物并非只依赖一种食物为生，很多生物具有杂食性；有的甚至还有互为食物的关系，例如民间有

"夏季蛇吃老鼠，冬季老鼠吃蛇"的传说：到了冬季，蛇会因冬眠而失去抵抗能力，连它平日的猎食对象老鼠也可能反过来吃它。类似的种种复杂关系往往不是简单的一根链条所能充分表现的，而是形成了一张错综复杂的网，故称为食物网。

噬菌体病毒：一种专门侵袭细菌的病毒，也就是专以细菌为宿主、在细菌和古细菌中感染并复制的病毒，比如，以大肠杆菌为寄主的T2噬菌体病毒。跟别的病毒一样，噬菌体只是一团由蛋白质外壳包裹的遗传物质，大部分噬菌体还长有"尾巴"，用来将遗传物质注入宿主体内。

宿主：又称作寄主，是指为寄生物（包括寄生虫、病毒等）提供稳定生存环境的生物。由于宿主死亡会使寄生物无法继续生存，所以寄生物不应该杀死宿主而是与宿主共存。

特洛伊木马：特洛伊木马是《木马屠城记》里，希腊军队用来攻破特洛伊城的那匹木马。在特洛伊战争中，希腊联军打造了一只巨大的木马，里面躲藏着伏兵；在希腊联军佯装撤退之后，特洛伊人将木马当作战利品带回城内，结果希腊联军借此攻入特洛伊城。

天敌：在自然界的生态系统中，存在着物种间一种生死互动的方式或关系，即捕食者与猎物之间的关系，比如狼与羊。对猎物而言，捕食者就是它的天敌。

细胞酶：一类大分子生物催化剂。细胞酶能加快细胞内生物化学反应的速度（即具有催化作用）。几乎所有细胞内的代谢过程都离不开酶。细胞酶能大大加快这些过程中各种化学反应进行的速率，使代谢产生的物质和能量能满足生物体的需求。

细胞学说：19世纪30年代末是生物学发展史上的重要节点，1838—1839年间，德国植物学家和动物学家先后发现：植物与动物的基本结构单位是细胞。这一重大发现说明了生物界在结构上的统一性以及在演化上共同起源的可能性。这就是19世纪重大科学发现之一的细胞学说。按照细胞学说，所有动物、植物以及微生物都是由细胞组成的，细胞是生命的基本结构、功能单元和发育基础；新细胞是从先存的活细胞中产生的；一个细胞就可以组成一个独立的生命体，比如单细胞动物草履虫等；多个细胞共同组成的整体作为统一的有机体，称作多细胞生物。

线粒体：一种存在于大多数真核细胞中的由两层膜

包被的细胞器，是细胞中制造能量的结构，是细胞进行
有氧呼吸的主要场所，被称为"细胞的发电站"。其直径
在0.5—1.0 μm左右。大多数真核细胞或多或少都拥有
线粒体，但它们各自拥有的线粒体在大小、数量及外观
等各方面都有所不同。线粒体拥有自身的遗传物质和遗
传体系，但其基因组大小有限，只是一种半自主细胞器。
除了为细胞供能外，线粒体还参与诸如细胞分化、细胞
信息传递和细胞凋亡等过程，并拥有调控细胞生长和细
胞周期的能力。

协同进化：生物个体的进化过程是在其所处环境的
选择压力下进行的，而环境不仅包括非生物因素也包括
其他生物的因素。因此一个物种的进化必然会改变作用
于其他生物的选择压力，进而使得其他生物也随之发生
变化，这些变化又反过来引起相关物种的进一步变化。
在很多情况下两个或更多的物种单独进化常常会相互影
响，形成一个相互作用的协同适应系统。生物之间的协
同进化就是指两个相互作用的物种在进化过程中发展的
相互适应的共同进化。协同进化的现象在自然界是普遍
存在的。共栖、共生等现象都是生物通过协同进化而达
到的互相适应。土壤微生物间的协同进化关系最为典型

的例子就是地衣，它是真菌和苔藓植物的共生体，地衣靠真菌的菌丝吸收养料，靠苔藓植物的光合作用制造有机物。当环境条件仅有利于两者中的任何一方生长时，均不能合成地衣体，而且已建成的地衣也会发生不同程度的解体。因此可以看出地衣体并非真菌与藻类的简单加和，而是它们经过长期的相互作用演化而成的一种既不同于真菌又不同于藻类的生物，是真菌与藻类协同进化的产物。

新冠病毒与新冠肺炎：新冠病毒（SARS-CoV-2）是病毒的名称，而新冠肺炎（COVID-19）是由新冠病毒引发的疾病的名称。

薛定谔与《生命是什么？》：埃尔温·薛定谔（1887—1961）是奥地利理论物理学家，量子力学的奠基人之一，曾获1933年诺贝尔物理学奖。1944年，他发表了根据前一年在爱尔兰都柏林三一学院讲座课程整理的《生命是什么？》，介绍了含有配置遗传物质信息的化学共价键，并从理论上推断遗传分子是一种"不规律晶体"，启发了分子生物学家们探索遗传物质的方向。因而，DNA双螺旋结构的共同发现者沃森和克里克都曾表示，他们研究工作最初的灵感便是来自薛定谔这本小书。

血凝素（HA）：是流感病毒包膜表面的一种刺突，一种糖蛋白，由病毒核酸编码，可发生变异，从而形成新的流感病毒亚型。血凝素在流感病毒、麻疹病毒（以及许多其他细菌和病毒）表面等均能找到，可附着于不同动物的红血球，而使红血球凝集。至少存在16种不同的HA抗原，被贴上了H1—H16的标签。其中前三种H1、H2、H3型，遍布于人类流感病毒中。

叶绿体：绿色植物和藻类等真核自养生物的质体细胞器。其主要作用是进行光合作用，其中含有的光合色素叶绿素从太阳光捕获能量，并从二氧化碳制造有机分子。叶绿体还有其他许多功能，包括合成植物的脂肪酸与很多氨酸，以及免疫反应。一般认为，叶绿体是由内共生蓝绿藻演化而来的。

衣壳编码有机物：衣壳由病毒基因组所编码的蛋白质组成，它的形状可以作为区分病毒形态的基础。通常只需要存在病毒基因组，衣壳蛋白就可以自行组装成为衣壳。因此，尽管病毒不是通常意义上的生命体，但它可以看作衣壳编码的有机物质。

遗传：指生物体的外貌、长相，以及行为方式等等代代相传。我们独特的样子是从父母那里遗传而来的，这是因为细胞内携带遗传信息的物质DNA，会从父母一代（亲代）传递到下一代（子代）。"龙生龙，凤生凤，老鼠生儿会打洞"，就是遗传的结果。

因纽特人：美洲原住民之一，分布于北极圈周围，包括格陵兰与阿拉斯加等地；他们有自己的语言——因纽特语。因纽特人属于爱斯基摩人的一支，几千年前，人类最后的一支迁徙大军从亚洲出发跨过白令海峡向美洲腹地进发，最后留居在北极圈内的蒙古人种（即黄种人），就是现在的因纽特人。

原始宿主与中间宿主：原始宿主又称自然宿主，提供病原体天然的栖息及繁殖环境。它们可以让病毒或寄生虫寄生，对寄生者无损，对其自身也无害。比如，蝙蝠据信是许多病毒的自然宿主。病毒或寄生生物通过另一种动物最终传染给人，这种起着媒介作用的动物，便称为中间宿主。比如，据信SARS病毒的中间宿主是果子狸，而新冠病毒的中间宿主是穿山甲。

自然选择：达尔文从人工选择出发，认为自然界有一只看不见的"手"像人工选择一样，对物种的特定性状进行筛选，凡是对物种生存有利的，就会被保存积累；反之，则被消灭和根除。而那只看不见的"手"，就是自然界无处不在的生存斗争。通过自然选择的演化，是逐渐地、持续不断地进行的。可是，时而出现的新突变，会产生重大影响，使物种非常迅速地演化。类似冰河时代的环境巨变，也会加速演化，因为生物要尽快适应新的环境挑战。因此，自然选择是驱动生物演化的引擎。

后 记

对我而言，撰写这本小书是一件无比惬意的事。它不仅让我重拾起读博阶段学到的分子生物学与生殖生物学等学科的知识，也让我学习和更新了生命科学其他领域的不少知识。对此，我首先得感谢译林出版社的李瑞华、陈叶、宋旸等，在疫情开始不久，他们即约请我写这本小书。同时，我也感激《中国科学报》的李芸、胡珉琦以及《科学》杂志的季英明，去年年初曾邀请我写了好几篇有关病毒与人类演化的科普文章，既为本书的写作"热身"，也让我了解到广大读者渴望阅读这方面的内容，起到了"投石问路"的作用。我尤其要感谢宋旸对初稿提出的建议以及何本国与童可依后期的支持与推进；特别是童可依对后期文稿做了十分细致的编校。

指导我博士论文的美国导师李力葛瑞文教授（Jason A. Lillegraven）不仅是古生物学家，还是研究真兽类哺乳动物胎盘起源的专家，这也就是为什么我会具有这方面知识的主要原因。我的好朋友张德兴与陈红是遗传学与基因组学的真正专家，他们的阅读与把关，使书稿免去了一些令人尴尬的错误。毋庸讳言，书中若有任何疏漏，则完全是我的责任。

最后，至为感谢周忠和院士拨冗为本书赐序。